# 好妈妈都会给孩子情绪价值

[日] 大场美铃◎著　　肖　辉　张志斌◎译

文化发展出版社
Cultural Development Press
·北　京·

**图书在版编目（CIP）数据**

好妈妈都会给孩子情绪价值 /（日）大场美铃著；肖辉，张志斌译. — 北京 ：文化发展出版社，2023.8
ISBN 978-7-5142-4052-8

Ⅰ. ①好… Ⅱ. ①大… ②肖… ③张… Ⅲ. ①情绪－自我控制－儿童教育－家庭教育 Ⅳ. ①B842.6②G782

中国国家版本馆CIP数据核字(2023)第143710号

---



---

北京市版权局著作权合同登记号：图字 01—2023—3751

# 好妈妈都会给孩子情绪价值

著　　者：[日]大场美玲
译　　者：肖　辉　张志斌

---

出 版 人：宋　娜　　特约编辑：王　猛
责任编辑：孙豆豆　　责任校对：岳智勇　马　瑶
责任印制：杨　骏　　封面设计：尚世设计
出版发行：文化发展出版社（北京市翠微路2号 邮编：100036）
网　　址：www.wenhuafazhan.com
经　　销：全国新华书店
印　　刷：天津旭非印刷有限公司

---

开　　本：880mm × 1230mm　1/32
字　　数：215千字
印　　张：10.5
版　　次：2023年8月第1版
印　　次：2023年8月第1次印刷

---

定　　价：58.00元
I S B N：978-7-5142-4052-8

---

◆ 如有印装质量问题，请电话联系：010-68567015

# 推荐序

正在辛勤育儿，并于百忙之中翻开这本书的家长朋友，您好呀！很高兴通过这本书与您相识，也很荣幸向您推荐这本书。

让我猜一猜，您与这本书结缘，大概是出于对“给孩子情绪价值”的好奇心吧？想必您与大多数家长一样，在育儿的过程中总有烦恼。从开始育儿那天起，即使是新手家长，也能通过多种方式和途径掌握大量的育儿技能，比如学会了做宝宝辅食、能简单判断孩子的发育情况、教孩子说话和走路等，但让您无比烦恼的是，无论您多么努力，也难以驾驭自己的情绪，会时不时发脾气，并在无意间将一些负面情绪发泄给孩子。为此，您万分自责，想克制自己的负面情绪，却又深感无力，因为人毕竟是一种情绪化的动物，做到情绪稳定谈何容易。如此一来，您又怎能给孩子情绪价值呢?

说到这里，您可能对“情绪价值”有了大致的理解，但并不明白它的真正含义。那么，我还是先来解释一下什么是“情绪价值”吧。

“情绪价值”这个概念来源于经济学和营销领域，其定义是：顾客感知的情绪收益和情绪成本之间的差值，情绪收益为顾客的积极情绪体验，情绪成本则为负面情绪体验。

在日常生活中，我们也会借用“情绪价值”这一概念来界定人际关系：当一个人与他人相处时，他所感知到的情绪收益和情绪成本之差就是情绪价值。

通俗来讲，情绪价值就是一个人能够带给他人的正面情绪以及一切美好的感受。情绪价值越高，意味着一个人越能带给他人舒服、愉悦、稳定的情绪体验，促使他人获得幸福感和安全感。

幸福的人一生都被童年治愈，不幸的人一生都在治愈童年。想想看，有多少家长能做到不吼不叫、一直温柔教养孩子呢？有多少家长因为一时的情绪化给孩子造成了心理伤害呢？答案不言自明。

那么，身为家长，要如何给孩子情绪价值呢？这也是困扰我多年的问题，直到我看到日本育儿达人大场美铃的这本经验之书，才找到了解决方法。

大场美铃育有三个孩子，她以前也和众多家长一样，总是忍不住对孩子发脾气，事后又非常自责。后来，她反复尝试各种育儿技巧，在走了很多冤枉路之后，终于总结出了如何与孩子亲密相处的方法：只要转变说话方式，就可以轻松扫清情绪雷区，成为大格局、高情商、温柔教养的家长，而孩子也会拥有开朗、乐观、自信、自律等优秀品格。

大场美铃的情绪价值育儿法大致可归纳为以下几点：

1. 清扫心灵，先把自己放在首位
2. 和孩子建立依恋与信任关系
3. 帮孩子建立自信
4. 让孩子听得进去
5. 让孩子令行禁止
6. 培养孩子的社交力
7. 疗愈自己

看上去是不是很简单呢？但这里面又包含了97个贴合实际、易于实践的步骤，以及166个温柔细腻、包罗万象的技巧。在此列举几例：

和焦躁情绪共存

- 吵死人了，一边玩去！
- 妈妈现在很累，先去睡一会儿再回来哦！

和孩子共情

- 不痛，不痛。
- 一定很痛吧！

让孩子自己做出选择

- 不许剩下，全吃完！
- 想吃米饭还是面包呢？

关注孩子的优点

- 这里做错啦！
- 到这里为止都做对了哦！

和孩子说话不要先入为主

- 反正你也不会去做。你果然不行。
- 嗯？怎么啦？

将情绪可视化

- 干吗那么生气啊！
- 你感觉自己有多生气？

教孩子把握尺度

- 不可以！
- 可以这么做，但不可以那么做。

让孩子学会妥协

- 总是计较来计较去的，这样不行！
- 谢谢宝贝的让步。

怎么样？看了这几个例子，是不是马上就能举一反三，感觉以前那些育儿问题都能轻松解决了呢？

我相信，以您的聪明才智，读过这本书之后，一定能心领神会并熟练掌握“通过转变说话方式给孩子情绪价值”的能力。

爱之深，责之切。家长对孩子寄予厚望，期待孩子出类拔萃，却容易在言语上冒犯甚至伤害孩子。如果家长真的想为孩子好，就必须改变“只是说了他两句，没什么大不了的”这种心态，重视自己在日常生活中的一言一语，将那些伤人的话转变为有情绪价值的话。

最后，希望您认真阅读这本书，它不仅能让您学会给孩子情绪价值，而且在育儿的其他方面也能为您提供借鉴价值。愿您成为心想事成的家长，愿您养育出无忧无虑的孩子！

编者

# 自序

各位日夜操劳的家长，大家好！我是大场美铃，一个每天忙着育儿的“三孩妈妈”，和大家一样是“养育自家宝贝的专家”。除了育儿之外，我还以“轻松宝妈”为网名在网上分享了“抚养发育障碍和潜在发育障碍儿童”的技巧。

以前，我总是发脾气，但每当晚上看到孩子们睡觉时可爱的样子，就会不停地自责，埋怨自己怎么又生气了，对孩子怎么一点儿都不温柔。

我想改变这种状况，于是开始自学，反复尝试和掌握各种育儿技巧。在走了很多冤枉路之后，我终于总结出了如何与自家孩子有效对话的技巧，并将之整理成《育儿对话技巧》发布到网络上，没想到竟引起了巨大反响。

那时候，我的想法是：“只要我转变说话方式，我家那些让人头疼的孩子就能听得进去我说的话，那么这种技巧在其他孩子身上也一样能起作用吧？”

在我看来，孩子不听话的时候，家长用不着生气，因为有很多行之有效的育儿对话技巧和育儿方法可供借鉴。

家长的时间、精力、财力有限，况且活蹦乱跳的孩子可不会老老实实地按照家长的想法做事。不过，孩子只要能吃好、睡好，每天都会茁壮成长。

因此，家长千万别气馁，就算今天只完成了基本的育儿计划，也要给自己鼓劲：“今天的我做得很棒！”

这本书是为了促进亲子交流实践的育儿读物，家长在教育孩子的同时，也要学会教育自身。但是，这本书不能帮助您把孩子教育成让人省心、老实听话、容易相处的全能优等生，以及培养出所谓的“正常”孩子。

我不主张家长强行改变孩子，只是想帮助家长找到适合自己的育儿方法，比如如何尝试适合自家孩子的说话技巧、如何改变自己的想法等。我会根据自己的经验引导亲子之间适当让步，加强亲子沟通，最终让家长圆满完成养育孩子的任务。

我希望，读过本书的家长能产生这样一些想法：虽然我家孩子挺不让人省心的，但依然很可爱啊；虽然孩子不怎么听话，但也不是无法沟通嘛；虽然孩子不怎么擅长与人打交道，但并未丧失基本的社交能力；不管我做得好不好，孩子都会永远爱我；虽然孩子有点儿不一样，但我有办法帮助他……

我写这本书的前提是：育儿会让人急躁，家长也会忍不住发脾气。所以，家长不必期待自己变得十全十美，更不必苛求自己完全不动怒、完全不训斥孩子。

父亲和母亲是一种全年无休的技术职业，育儿是一场持久战，思考育儿法要从现实出发，要便于实践且能轻松坚持才行。

为此，我特意将自己的育儿方法整理成97个易于实践的步骤（Step）和166个育儿说话技巧，以便您参考和学习，并改变说话方式。

这样一来，您就不再只看到孩子的缺点，孩子也会随之成长。而终有一天，您可以放手让孩子自由成长。

我由衷地希望这本书能够陪伴您度过数月乃至数年的育儿时光，直到您真切地感受到育儿的乐趣。这是我最大的喜悦！

轻松宝妈

大场美铃

# 本书的使用说明

## 本书的框架结构

本书第1章和第7章会帮助家长做好育儿的心理准备及进行心理健康关怀，第2章至第6章结合孩子身心发育的大致阶段，将各个步骤进行了排序，以便翻阅。

但是，并没有以“×岁的孩子”“×年级的孩子”等年龄或学龄标准来进行划分。孩子的发育速度各有差异，即使是同一个孩子，其各方面的发育速度也不同，有快有慢（这就是特点）。

所以，请家长不要拘泥于标准的年龄，无论是几岁或是几年级的孩子，都需要每个家庭去探索当前最适合孩子的方法，并在此基础上不断进行改良。

## 本书的阅读方法

阅读本书时，如果您觉得自己“这里做得不错”“没有问题”，请自行判断是否跳过。

但是，如果您感到“进展不顺利”“孩子怎么都听不进去”，建议回顾一下之前的步骤及内容。

如果家长在育儿的过程中积攒了很大的压力，产生了“必须照搬书中内容才行”“这样、那样做不好就完了”的想法，建议再阅读一遍第1章和第7章。

## 本书的内容简介①

本书并没有明确区分健全孩子和有发育障碍的孩子，也没有区分针对两者的具体教育方法。

这是因为正常和发育障碍之间的边界本身就很模糊，而且能让有发育障碍的孩子都听得进去的说话技巧，在其他孩子身上也一定适用。

另外，作者认为本书中的说话技巧或教育技巧其实都没什么特别，只是根据每个孩子不同的特点，需要家长在进行教育的次数、频率、程度、时机选择上有所不同。

不过，对于敏感话题以及家长关于如何养育有发育障碍的孩子的提问，均整理之后在专栏《轻松育儿咨询室》中进行了详细解答。

## 本书的内容简介②

为了方便读者阅读，本书中使用了“经常丢三落四的孩子”“不善于察言观色的孩子”等描述，但是每个孩子存在的问题（或者被人觉得有问题）背后都有不同的原因，且问题的严重程度和出现频率也各不相同。

因此，不能单纯将孩子归类为注意缺陷与多动障碍（Attention Deficit and Hyperactivity Disorder，ADHD，俗称多动症）或孤独症谱系障碍（Autistic Spectrum Disorder，ASD，又称自闭症）等类型。除此之外，即便是确诊的孩子，也都有与众不同的个性特点以及成长环境等，所以没办法单纯用一种类型来定义一个孩子。

但是，为了在有限的篇幅里高效地传达信息，本书不得不使用类似的描述方式，请读者朋友们海涵。

最后，希望各位家长都能结合孩子的特点和家庭的具体情况，灵活地思考及使用适合孩子的教育方法。

# 说话技巧实践心得

## 1 一如既往地和孩子相处并以此为乐。

各位家长，请像往常一样与孩子进行交流，并以此为乐。没有必要为了营造温馨、积极的氛围而强迫自己、委屈自己。

遗憾的是，即便家长一个劲儿忍耐，压抑自己的情绪，最终对孩子也没什么好处。

当您认为孩子怎么都不明白自己的心意时，再参照本书中的说话技巧的实例进行实践吧！

## 2 即使失败了，也要始终如一地努力。

如果您一不小心对孩子说了“说话技巧”中“以前”所对应的句子，请不要责备自己是无能的家长（顺便一提，“以前”所对应的所有句子，我几乎都亲口说过）。

同理，如果您能说出“说话技巧”中“当前”所对应的句子，也并不代表自己就是优秀的家长。育儿说话技巧实践成功与否，丝毫不能改变您每日都在努力育儿的事实。

但是，家长对孩子整天发脾气或亲子间感情存在隔阂，只会令人疲惫不堪。所以，请放松下来，将“当前”所对应的句子想象成一种高效的育儿方法。

## 3 主动寻找最适合孩子的说话技巧。

恕我冒昧，我对您的孩子一无所知。本书中的育儿说话技巧皆是自家专用，是基于我的经验整理而成的，理论上适用于大部分孩子。

然而，育儿的正确答案不止一个。将孩子的特点融合亲子间的相处方式，会催生无数种“育儿法”。所以家长们需要主动试错，以便尽快找到最适合孩子的说话技巧。

不过，这对于“自家孩子的教育专家”——您来说，肯定是小菜一碟。因为，您最了解自己的孩子，而且您的孩子比起其他人更希望听到的是您说的话。

## 4 请像爱孩子一样爱自己。

在育儿的过程中，家长不必过度勉强自己。为了让每天本就辛苦劳累的家长能够轻松坚持下去，我已经尽可能降低书中说话技巧的难度了。

如果您仍感到疲劳不堪，不妨休息休息。您不要只想着一个人努力承担一切，完全可以指望一下伴侣或其他值得信赖的人。

我理解您的辛苦，因为即便让其他人帮忙带孩子，父母的角色也是无可替代的。对于您的孩子来说，在这个世界上您是独一无二的。

所以，请您务必像爱孩子一样爱自己、照顾自己。

# 目录

## 第1章 清扫心灵的说话技巧

## 第2章 和孩子建立依恋关系与信任关系的说话技巧

## 第3章 帮孩子建立自信的说话技巧

## 第4章 让孩子听得进去的说话技巧

## 第5章 让孩子令行禁止的说话技巧

## 第6章 培养孩子社交力的说话技巧

# 第7章 疗愈自己的说话技巧

# 第1章 清扫心灵的说话技巧

本章是热身运动。

无论是过度努力到钻牛角尖的家长，还是忙到焦头烂额的家长，都请深呼吸，放松大脑和心灵。

没必要追求完美，偶尔发脾气也没事，家长也有力不能及的事。

请先把自己放在首位。只有温柔地对待自己，才能温柔地对待孩子。

步骤 1

# 不要幻想成为完美家长

说话技巧
— 001 —
基础

以前 **我怎么又生气了?**

转变

当前 **没办法，常有的事。**

**提示**：别再幻想“不动怒育儿”了。

据我了解，家长在育儿时几乎做不到完全不动怒，该生气还是会生气。

家长也是人，是人就会有情绪。这样显而易见的常识，大家却经常忘记。压抑情绪对身体不好，家长和孩子都不应该如此。

如果每天都出现家长生气、孩子受气的情况（我家以前也是这样），那么双方都会疲惫不堪。为避免这种情况，家长应该将生气程度控制在以往的30%以内，在将要超过这个程度的时候，就默念“没办法，常有的事”来消除怒气。

与其说“孩子不会老老实实地顺着家长的心意成长，因而家长才会焦躁，才会生气”，不如说“家长会焦躁，证明他们一直认真负责地对待孩子，且在努力教育孩子”。

家长只要保证家里所有人都健健康康的，就算是满分了。

## 准备一些放松“咒语”

在育儿的过程中，家长可以准备一些“咒语”，每当自己钻牛角尖或者疲倦的时候，就给自己“说说”放松下。

在日本乃至全世界范围内，有很多放松“咒语”（见表1-1），无不在提倡怡然自得的生活态度。

**表 1-1　放松“咒语”示例**

| | |
|---|---|
| **冲绳方言** | 自然会好起来的。 |
| **宫崎方言** | 随便一点啦！ |
| **石川方言** | 没问题的。 |
| **德岛方言** | 慢慢来就行。 |
| **静冈方言** | 别想那么多！ |
| **茨城方言** | 已经可以啦！ |
| **宫城方言** | 辛苦自己啦！ |
| **北海道方言** | 没事，没事。 |
| **英语表达** | 做得很棒了！ |

另外，不知道大家有没有因为老师或朋友的一句话而如释重负的经历呢？

我是有的，以前好友的那一句“大不了就从头再来嘛”，至今仍记在心头。

## 步骤 2 远离理想型家长

说话技巧
— 002 —
基础

以前 我是不负责任的家长。

转变

当前 我是努力过头的家长。

**提示：** 无论是谁，都有单凭努力而无法改变现状的时候。

世界上的每个人都有自身的能力极限，都会遇到力不从心、力不能及的事情。无论是家长还是孩子抑或其他人，也都有个人的能力极限。

家长的时间、精力、财力等都有极限。在我看来，“家长可以给孩子取之不尽、用之不竭的爱”无疑是一种美好的幻想。

如果您努力投入育儿之中却仍觉“毫无进展”“一不小心就发脾气”“小孩一点儿也不可爱”，请别责怪自己是“不负责任的家长”，您一定要明白自己只是努力过头了。

现在您没必要继续坚持，而是要忙里偷闲，休息一下，喘一口气。

### 给待办事项评定优先级

家长要知晓自己的极限在哪里，然后想办法把它可视化。如此一来，给待办事项评定优先级的时候会更加方便。

◆ 家庭日历

◆ 日程表软件（配备家庭成员信息共享功能）

◆ 记事贴、行动计划表、小告示牌

**图 1-1　给待办事项评定优先级**

建议您活用这个方法，列出自己的计划或待办事项，并分享给其他家庭成员。

接下来，给待办事项评定优先级，比如现在必须完成的急事、希望尽早完成的要事、想尽量完成的杂事等。

之后，审视一遍计划表，如果计划表中的内容让您觉得喘不过气来，那就问问自己："有什么事必须由我独自完成？"

您完全没必要什么事都独自承担，更没必要什么事都做到完美。当您因育儿感到疲惫的时候，要像计算家庭开支一样计算自己剩余多少精力，更要节约和珍惜自己的精力，这样，在育儿的过程中才能更加从容不迫。

比如说，没办法接孩子放学的时候，可以申请家庭援助或接送服务；逛实体店会消耗不少精力，不如通过线上购物平台给孩子购买上学需要的手工材料、文具、体操服等用品；如果觉得给孩子缝制牙杯袋太麻烦，那就直接在家附近的商店购买。

并非所有事都需要家长花费大量时间和精力，不是吗？

在育儿的过程中，需要消耗精力的事何其多，家长那宝贵的精力没必要浪费在小小的手工制品上或外表光鲜的便当上，还是把精力用在更为重要的事情上吧。

说话技巧
— 003 —

实践

以前 **作为母亲必须永远保持微笑！**

转变

当前 **他们真是不可理喻。**

**提示：**丢掉心灵的包袱，母亲也是普通人。

“母爱像空气、阳光和水一样可贵！”——这种话总是无意间将妈妈这一角色过度理想化。

母亲也是人，与普通人没多大区别。然而，世界上的人，特别是男性、祖辈及没有育儿经验的人，总是不着边际地想象“完美母亲”，并强加到真正的母亲身上。这真让人受不了！别随随便便就把母亲神化呀！育儿可不是件美差。

对于那些提倡母亲必须永远保持微笑的人，我也向他们说：“这被孩子搞得乱七八糟的屋子，可得拜托您来打扫喽！”

如果感受到来自世人“完美母亲”的压力时，就在心中默念“他们真是不可理喻”来缓解压力吧！妈妈们能自然而然地露出笑容倒也还好，但如果一味忍耐、封锁内心，可能就再也没办法发自内心地微笑了。

此外，请仔细想一想：太阳到了晚上会好好“休息”，大地时不时也会爆发“怒气”，海洋也是因为有了大量营养成分才能生机勃勃。

所以，各位育儿妈妈们，不如大大方方地好好休息，时不时发泄一下，感到劳累的时候犒劳自己一些美食。如此，以平常心对待自己，才能更好地适应妈妈这一角色。

步骤 3

# 有意识地多关注自己的优点

说话技巧
— 004 —
基础

以前　**作为家长连这种事都做不到……我是不是不合格？**

转变

当前　**不过，这点我做得还不错。**

**提示：**有意识地多关注自己的优点。

在育儿的过程中多关注孩子的优点，这点非常重要。不过在这之前，家长应该先学会多关注自己的优点。如此，才能更容易发现孩子的优点。

责任心强的家长，总是不自觉地关注自己的缺点，而不去欣赏自己的优点。但是，请这样的家长在认为自己并不是负责任的家长，并开始失落地反省之前，先思考以下内容。

整体评价这忙碌的一天吧，即使您未能事事做到完美，也兼顾完成了很多事情呀！比如，稀松平常的事情，大费周折但总算得以完成的事情，如同例行公事般需要完成的事情，让孩子高兴的事情……

## 制作“优点列表”

“总是在道歉，却从未被夸奖过”“全年无休，零报酬，连句‘谢谢’都听不到”“世人认为家长理应为孩子付出一切”……

如果每天努力养育孩子的同时，上面这些话总是萦绕在心头，不论是谁都会丧失自信。

所以，在帮助孩子建立自信之前，家长首先要为自己建立自信。

在此，建议您以表格的形式列出自己“做得到”“做得好”“做得非常好”的优点事项。

无论你使用什么工具，笔记本也行，手机软件也行，尽量列出一百个优点。

怎么？觉得自己想不出这么多优点吗？那就在优点列表中加一条：谦虚。

接下来，请参考以下问题重新想一下吧！相信您一定能从各类事情中挖掘出自己的众多优点。

问题1：这些事理应由我来做吗？

例：坚持为家里人准备一日三餐，照顾孩子，帮孩子善后。

问题2：这些特征算是我的缺点吗？

例：啰唆，可以说成“有人情味，善于照顾人”；爱操心，可以说成“谨慎、细致又体贴人”。

问题3：这些情况真的是多亏我的努力吗？

例：多亏了您，活泼好动的孩子到现在才能快乐无忧地生活；多亏了您，孩子明明很讨厌学校，在家却能平心静气。

问题4：孩子的这些行为真的是喜欢我的表现吗？

例：孩子明明没有什么大事却喜欢喊“妈妈，妈妈”；虽然孩子总被批评，但从未离家出走过（回家会绕点儿路）。

说话技巧
— 005 —
实践

以前 **今天又发脾气了。**

转变

当前 **宝贝对不起，我今天又发脾气了，其实我是最爱你的。**

**提示：** 默念“结果好，一切都好”，就此翻篇吧！

话虽如此，家长冲孩子发了脾气之后还是会忍不住进行自我检讨（我也是）。不过，与其在孩子睡着后看着他可爱的样子进行自我检讨，不如在孩子睡觉前花上几分钟甚至几秒钟给孩子一个拥抱，并向他道歉：“宝贝对不起，我今天又发脾气了，其实我是最爱你的。”这样一来，大部分孩子都会原谅家长。

默念“结果好，一切都好”，为第二天补充能量。

## 育儿法则

### 把孩子从游乐园拎回家后的法则

大家是否有过这样的经历？周末陪孩子去游乐园玩，一开始孩子玩得好好的，但一听说要回家就大哭着闹腾起来。最后，只好一边警告孩子再也不带他来游乐园了，一边把他拎回家去！

回家之后，家长应该把注意力放在孩子在游乐园玩得很开心这件事上，而不是关注家里尴尬的气氛。如果您仅仅因为孩子没做好这件小事，就忽视他以前做得好的那些事，不是浪费游乐园门票了吗？

步骤 4

# 对孩子的要求要分类

说话技巧

— 006 —

基础

**以前** 这些、那些都得让孩子学会才行啊！

**转变**

**当前** 这些有必要让孩子立刻学会吗？

**提示：** 真的没有那么多必须让孩子立刻学会的东西。

几乎所有家长都打心底希望孩子能快点成长：学会了A立刻学B，学会了B立刻学C。但是，如果什么都让孩子学，而孩子又嚼不烂，那么在家长眼里就全是孩子做得不好的事情。所以，如果家长感觉自己对孩子有些严格，就应该问问自己："这些有必要让孩子立刻学会吗？"

虽然有可能打扰其他人，但尽情欢笑、尽情哭泣、尽情玩闹、尽情奔跑……这些都是孩子的特权呀。仔细想来，真的没有那么多必须让孩子立刻学会的东西。身为家长的你，想必也赞同这个观点吧？

## 将"对孩子的要求"按重要程度分类

孩子总有一天要走上社会，作为家长有义务教育孩子适应社会。但是，家长对孩子的要求也是有重要程度之分的——从"非常有必要"到"不是很有必要"，可以划分为几个等级。

家长不妨试着将“对孩子的要求”按重要程度分类。当没有余力的时候，就先从重要程度较高的事情下手。

① 在记事贴或者其他地方写上想让孩子学会的东西。

② 将上面的内容制成如下表格（见表1-2），根据重要程度分门别类。（表1-2是以我家为例，仅供参考。人生中究竟什么是重要的，什么是不重要的，与家长的人生观、育儿方针有关，还请各位制表时自行安排。）

**表 1-2　“对孩子的要求”的重要程度示例**

| | |
|---|---|
| **重要程度 5 级** | 如果做不到，将难以参与社会生活。例如：保持健康、注意卫生、遵守规则等。 |
| **重要程度 4 级** | 如果能掌握，生活将变得轻松一些。例如：基本的自制力、沟通能力、礼貌等。 |
| **重要程度 3 级** | 应该尽量掌握，掌握后能够助力人生。例如：自我认知力、思考能力、危机意识等。 |
| **重要程度 2 级** | 掌握之后，人生会变得更丰富多彩。例如：爱好、教养、驾驶能力等。 |
| **重要程度 1 级** | 即使做不到，也不会对生活造成太大的影响。例如：背诵年号、公式等，跳绳、吹竖笛等。 |
| **重要程度 0 级** | 即使掌握了也没用，甚至会成为人生的损失。例如：无下限地忍耐、勉强自己超越极限等。 |

难易度 ★★★

## 轻松育儿咨询室

**问：**我家孩子可能有发育障碍，但似乎又没严重到那种地步，我该怎么办？

**答：**不必担心，所谓发育障碍，只是孩子的“特点”及对环境适应能力的体现，因人而异而已。

近年来，大众对于发育障碍的关注度不断上升，有不少家长看到自家孩子的某些特征符合发育障碍的症状，就担心孩子是否已经患病了。其实，即使孩子确诊了，家长也无须担心，只要让孩子接受适当的治疗和援助，就可以减少他遭遇人生失败的可能性和被训斥的次数。

也有些家长在孩子被确诊为发育障碍后仍感觉“还是有点奇怪，莫非这只是孩子的特点”“医生是不是小题大做了”等。到什么程度算“特点”，到什么程度算“发育障碍”，真的很难判断。

我认为，孩子所处环境和孩子个性之间的匹配度，是影响孩子是否会出现发育障碍的关键所在，也是孩子是否能正常地进行日常活动的关键所在。所处环境不同，孩子的反应也完全不同。

举个极端的例子：多动、鲁莽的孩子在学校会被视为“问题儿童”，但是如果人类有一天突然回到了石器时代，需要靠狩猎和采集为生，这些孩子可能就成了顶尖人才。相反，本身并不算发育有障碍的孩子，在缺乏宽容与理解的环境中，他身上的问题和缺点会被不断放大，导致他无法适应社会。但是，不论孩子有没有被确诊，家长都应该一边向孩子表达爱意，一边用适合孩子的方式与孩子相处。

步骤 5

# 划清和他人的界限

说话技巧
— 007 —
基础

以前　**为了孩子好！**

转变

当前　**我是我，孩子是孩子。**

**提示：**家长一定要学会的育儿妙招——和孩子划清界限。

家长对“为了孩子好”这句话通常没有抵抗力。

特别是新手妈妈，经常有种错觉，觉得孩子就像自己的分身一样。孩子发烧的时候，恨不得代替他承受痛苦；孩子赛跑得了第一名，如同自己得了第一名般骄傲；孩子被孤立了，也会心碎欲裂……这便是母爱，会让妈妈觉得自己的孩子特别可爱，更会让妈妈在得不到任何回报时也能坚定不移地育儿。我认为，母爱是妈妈非常重要的育儿动力。

然而，值得注意的是，将育儿视为自己的全部，会促使妈妈情不自禁地对孩子过度期待。这样一来，妈妈时不时就会因为孩子的事情而情绪起伏不定。当育儿进展不顺利的时候，妈妈往往会分外不安、焦虑和心慌。

所以，家长既要把孩子放在特殊地位，又要意识到“我是我，孩子是孩子”，张弛有度地和孩子划清界限。如此，即使家长看到孩子遭遇失败，也不至于怨恨自己。

**说话技巧 — 008 — 进阶**

**以前** 万一他们说对了怎么办？

**转变**

**当前** 别人是别人，我是我。

**提示：**有人多管闲事？听听就行。

世界上有许多类似“如何做，孩子就会变得如何”的育儿谣言或风言风语。家长和别人交流的时候，听到这类话，可能也会受其影响。比如，老一辈的人一口咬定不能给小孩吃任何零食，其他妈妈总说“某某老师不太行”“某某家孩子是个‘问题儿童’”等。明明都是些毫无根据的话，一开始妈妈们也没在意，但是听得多了，就会觉得“莫非是真的”，以致怀疑起自己的判断来……

这种现象用一个词来形容就是“多管闲事”。如果有人想把他的想法强加给您，那么您可以说句“哦！这样的呀”，敷衍一下，听听就行。有的人就喜欢瞎操心。您只需遵循“别人是别人，我是我”的准则，划清和他人的界限即可。

## 划清自己、孩子、其他人（环境）三者之间的界限

面对别人的多管闲事，家长要像手机里的防护软件过滤骚扰短信一样，学会甄别。如果家长能在自己和别人的想法之间正确地划清界限，

就不会被别人的意见牵着鼻子走了，教育孩子时也就不会动摇了。

现在，为了排解家长心中的烦恼，让我们一起尝试将育儿时的困惑或问题划分为自己、孩子、其他人（环境）三方面进行思考吧。比如，孩子无法适应集体生活，家长在努力帮孩子想办法解决问题的同时，也要思考是不是其他人（环境）在这方面出现了问题？是不是老师的要求太高了？是不是学校的师资资源不够……如果是，那么孩子确实有可能莫名其妙地被当成“问题儿童”。

以我家为例，我会按照自己、孩子、其他人（环境）区分“这事该谁做”，从而划清界限。

**表 1-3　育儿问题分析（以我家为例）**

| | |
|---|---|
| **自己应该** | 解决那些因自身的特点、成长轨迹、人生经验等产生的问题。<br>**家长能做的事：了解自己，努力进步，适当妥协，做出让步。** |
| **孩子应该** | 做自己想做的事情，以及能够培养自立性的事情。<br>**家长能做的事：和孩子交流，守护孩子成长，为孩子创造环境。** |
| **其他人（环境）应该** | 解决那些因他人的特殊情况或目的而产生的问题，以及那些因社会规定或背景而产生的问题。<br>**家长能做的事：咨询第三方的意见，改变大环境。** |

家长无法代替孩子完成他该完成的事情，也无法第一时间改变别人的想法或社会环境。所以，家长只需做自己力所能及的事，用具体行动来解决问题。

## 步骤 6 和焦躁情绪共存

说话技巧
— 009 —
基础

以前 吵死人了，一边玩去！

转变

当前 妈妈现在很累，先去睡一会儿再回来哦！

**提示：**焦躁的时候不要反思自己。快去休息！

人一累就容易焦躁。我也是这样。更何况，育儿的过程从来不会像家长所想的那样一帆风顺。有些妈妈要一边工作一边育儿，还有些妈妈要同时养育多个孩子，更有甚者要养育发育障碍患儿……如果在这样的情况下还遇到“丧偶式教育”，焦躁情绪自会油然而生。

但是，孩子可不管妈妈有多累，他们不会“宽宏大量”地放过妈妈：一会儿要这样，一会儿又要那样。

这种时候妈妈能做的不是反省，而是休息。

不要去抗拒焦躁，而要把注意力集中在行动上面，这样才更加现实可行。

妈妈要意识到自己正处于焦躁情绪当中，在告诉孩子“妈妈现在很累，先去睡一会儿再回来哦”后迅速离开，找地方休息一下。

这时候孩子可能会跟过来，但是妈妈既然说要休息就必须去休息。

当妈妈养成习惯之后，孩子就能渐渐地明白是怎么回事了。

## 缓解焦躁的小技巧

除了午睡之外，还有很多可以缓解焦躁的小技巧。以我为例：

- 缓慢地呼气，再深呼吸（也可以说是叹气）。
- 在厕所偷偷休息（可以在厕所里摆上孩子可爱的照片）。
- 稍微做下伸展运动（扭扭脖子和肩膀，伸个懒腰）。
- 洗脸、刷牙。
- 打开窗户通通风。
- 做些简单的家务（洗碗、刷锅、叠衣服、拔杂草、踩空易拉罐等），机械地重复一组动作，什么都不要想。
- 喝一杯水或者茶。

要点就是，和孩子短暂分离（心理层面及身体层面），感受来自外部的刺激。

家长焦躁的时候，总是容易胡思乱想，且爱钻牛角尖——“有了孩子，整日都放不宽心”“一点儿休息时间都没有”……

但是，只要自己愿意，深呼吸之类的小事，我们随时都能做，不是吗？

冷静下来审视自己，真的没有喝一杯茶、一杯水的时间吗？（这点儿时间，让孩子等是可以的。）

请千万别把自己逼得太紧。

**图 1-2　给自己喝一杯水的时间**

## 增加“秘密偷懒小卡片”

如果家长真的挤不出休息的时间，那么有必要从根本上对自己的生活进行全盘审视了！

之前说过很多次，家长也是普通人，时间、精力等都有限。如果家长过度努力直到病倒，反而对孩子不好。

就算您没到那个地步，也建议您偷偷地准备一些“偷懒小卡片”来节省时间和精力。一件件小事，做与不做所带来的负担感完全不一样。

为给大家提供参考（有点儿害羞），在此特别公开我的“秘密偷懒小卡片”。一定要保密哦！

- 把孩子的上衣和鞋子一起装进洗衣网袋里，再放到洗衣机里洗。
- 没空叠衣服的时候，就堆成一堆，留张便签：请自行取用（还能陪孩子玩过家家）。
- 打扫浴缸和马桶的时候，不用清洁剂，用水一冲就行（在浴室里的湿巾上贴个便签：请自己善后）。
- 让孩子和他爸穿条纹相似的汗衫或Polo衫。
- 给上中学的儿子准备便当的时候，只花五分钟做个速冻咖喱饭或盖饭或炒面，怎么方便怎么来，或者让他早上自己去便利店买吃的。
- 如果累了就不做晚饭，点外卖（备好速冻咖喱、杯面）。

图 1-3　请自行取用

## 步骤 7 少发点儿牢骚

说话技巧
— 010 —
基础

以前 要我说几次你才懂？怎么老是这样，上一次也……

转变

当前 你明白了就好。

**提示：**发牢骚就是浪费时间，杜绝牢骚。

在育儿的过程中，烦躁和生气是无法避免的。

想要有所缓解的话，就应该避免沉浸在焦虑、焦躁情绪中，避免无休止地发牢骚，争取尽早打破这样的恶性循环。

之所以会牢骚不断，通常是因为偶然间的一件小事诱发了家长对过去和未来的想象："之前也是这样""这样下去可不行啊"……不知不觉地陷入了思考的旋涡之中。

但是，面对家长的说教，最开始的几分钟孩子还能听得进去，时间一长，孩子就左耳进右耳出了。如此，家长就是在浪费精力和时间，"性价比"很低，划不来。

因此，家长即使牢骚满腹，想要一吐为快，也要意识到发牢骚就是浪费时间。简单说两句，小孩懂了就行。早点儿打住，才是提高人生效率的上策。

## 用其他东西来代替发牢骚

如果您注意到自己每天都在抱怨孩子的同一件事，建议您尝试用其他东西来代替发牢骚，避免重复劳动。比如换种说法："我家就是……"

- 在电视后上方的墙上贴上关于打游戏等"家规"。
- 在马桶盖背面贴上自己做的标识："记得冲"。
- 在洗手台的镜子上贴上印有刷牙、洗手具体步骤的贴纸。

这样一来，当我想发牢骚的时候，只要指一指贴纸，对孩子说"看这个"，便能搞定。

不过，对一些人来说，即便如此，牢骚还是停不下来。我怀疑"发牢骚"和喝酒、抽烟一样，让人有成瘾性和依赖性。

这里假设一个词："发牢骚成瘾"，也就是说当牢骚怎么都停不下来的时候，人就和"一不小心喝多了""没忍住又抽了一根烟"这类状态一样。所以，"一不小心又发牢骚了"的背后，应该有什么原因才对。比如：

- 积攒了过大的压力或是家长自身容易产生不安、不满情绪。
- 没有适当的休息或者可供选择的解压方法很少。
- 没有解决某个问题的头绪，举步维艰。
- 总是身处容易引发牢骚的环境之中。

发牢骚就和生活习惯一样，想要改善它，就得全面审视生活方式。为了自己和家人的健康，需要逐渐减少生活中依赖牢骚的因素。

步骤 8

# 不要仅凭第一印象就轻易下定义

说话技巧 —011—

基础

以前　**作为家长，必须更努力一些！**

转变

当前　**我每天都很努力啊！**

**提示：**要注意到自己每天究竟有多么努力。

育儿的时候，您是否有过这样的经历呢？为了不让孩子的哭声扰民，拼命地哄孩子；在车上时刻注意着孩子，防止他闹腾；发现孩子有一丁点儿不对劲，便忐忑不安；孩子遭遇失败或者误入歧途的时候，便感觉失去了希望……

家长在这样高压的育儿环境之下，是不是总觉得自己必须再努力一些呢？而且在大多数场合下，周围的人只是看见育儿的“冰山一角”。小孩偶然边哭边闹，耍小性子的时候，周围的人只看见家长忍不住发了脾气，仅凭第一印象便妄自断定“最近的家长怎么都这样……”，把偶然当成了必然，丝毫没注意到家长一直以来的育儿生活是多么困难重重，做出过怎样“艰苦卓绝”的奋斗。

但是，即便没有人看、没有人表扬，家长也要给自己打气：“我每天都很努力啊！”意识到自己每天是多么努力地在养育孩子，对来自外界的育儿压力，漠然置之即可。

## 育儿法则

### 在驾校学到的“谨慎驾驶”法则

大家在考驾照或者更新驾照的时候，一定都学过“马虎驾驶”和“谨慎驾驶”的区别吧。

教练总会告诉驾驶员：“行驶在道路死角的时候，一定不要马虎驾驶，不要想着‘这里应该没有行人吧’什么的。要留个心眼儿，谨慎驾驶，告诉自己‘虽然我没看到，但可能会突然蹦出一个小孩子或一辆自行车’。”

同样，我对于眼前所见，不会仅凭第一印象就下定义，通常会展开自己的想象——或许是这样呢，以此修正自己的看法。比如，看见公园里有两对父子：

A爸爸：和孩子有说有笑，努力陪他玩接球游戏。

B爸爸：让孩子在树荫下玩游戏，自己却在一旁玩手机。

A和B给人的第一印象分别是，A是尽职尽责的育儿爸爸，B是靠不住的任性爸爸。但是，外人看到的仅仅只是他们日常生活中很小的一部分。说不定A爸爸一年才带孩子来一次公园，而在家却只会指责妻子没打扫到卫生死角，是个让人相当头疼的人。而B爸爸可能是个勤勤恳恳帮妻子分担压力，可以耐心陪孩子玩耍的育儿爸爸，只不过他性格上有些粗枝大叶罢了。

这样看来，在长达10～20年的育儿生活中，有耐心、能坚持的B爸爸显然更加可靠。当然，重要的不是哪边的爸爸是“好爸爸”，而是不要仅凭第一印象就给别人下定义。

步骤 9

# 以备不时之需

说话技巧
— 012 —
基础

以前 没关系，不用帮忙。

转变

当前 不麻烦您的话……

**提示：**要学会接受别人小小的善意。

虽然育儿让人感到疲惫，但家长有些时候能明显感觉到自己不是在孤军奋战。比如，陌生人帮忙把婴儿车推上楼梯的时候；自己身体不舒服，其他认识的妈妈帮忙送孩子去幼儿园的时候；放学后，还会有志愿者帮忙照顾孩子……

其实，我们身边有很多愿意施以援手的人。因此，身处困境之时如有人向我们伸出援手的话，不要逞强，说一句“不麻烦您的话……”，勇敢接受他人的善意。如果能在平时的生活中注意练习如何拜托别人帮忙就再好不过了，特别是对那些喜欢埋头苦干的家长们来说。

但是，如果真的不需要帮助，说一句“没关系，谢谢”，仅仅接受别人的好意也可以。

如果您想把孩子交给邻居或者其他认识的妈妈暂时照看一下，要礼貌地请求他们的帮助。为了表达对他们一直以来给予帮助的感谢之情，可以时不时赠送一些小礼物。

## 制作《紧急联络表》，以防万一

为以防万一，家长可以制作一份《紧急联络表》或《咨询表》，给孩子解释这份表格的内容，“这个地址可以商量某某事情哦”等。比如，我家的《紧急联络表》就贴在电话旁边，里面的号码和地址都记录在了手机里的联系人和便签里。

- 孩子爸爸的电话、公司电话、灾害电话。
- 学校、经常就诊的医院、“110”“120”等紧急电话。
- 值得信赖的邻居、爷爷、奶奶、外公、外婆或其他亲戚的电话。
- 儿童咨询室、各种专家的咨询室，预防校园暴力、侵犯人权相关的咨询室等的热线电话。
- 网络上提供的青春期烦恼咨询、校园暴力咨询的网上窗口及公告板等。

**图 1-4　手机**

### 育儿法则

#### 防灾演练法则

为应对自然灾害等紧急事态，日常的防灾演练必不可少。提前做好心理准备，当自然灾害真正来临时，才能冷静应对。有时候一点点防灾知识或经验可能会救自己一命。

而育儿过程中也会遭遇“紧急事态”。比如说，家长因育儿疲惫不堪，思想上钻牛角尖，或是感觉不到孩子的可爱之处想要中途放弃，或是家长到达心理极限，情绪崩溃等。

我认为这些事就和自然灾害一样，有可能发生在任何人身上（当然，我也一样）。所以，和防灾一样，平日的准备是重中之重。在感觉孤立无援的时候，尽量避免和孩子单独相处。事先做好准备，有时能起到至关重要的作用。

## 步骤 10 别当自己是“厨余垃圾桶”

说话技巧 —013—

基础

以前 别把孩子吃剩的倒掉，那样太浪费了。

转变

当前 也要把好吃的部分留给自己呀！

**提示：**别吃孩子吃剩下的……尽量吧！

这个技巧也算是我的自我告诫。虽然把孩子吃剩的食物倒掉很浪费，但家长最好别吃，别当自己是“厨余垃圾桶”。

特别是各位主妇们，对于刚煮熟的、热乎乎的米饭的精华部分，您其实是有“食用优先权”的，完全可以把好吃的部分留给自己。

但有些妈妈不会这样，她们只会先吃剩饭。剩饭会转化成滋润小肚子的营养，却不会转化成滋润内心的营养。即使担心家里的开销，妈妈也不能委屈了自己。

不过，就算心里明白，我偶尔还是不忍心倒掉。结果就是，自从第一个孩子出生后，我的衣服尺码顺利地“升级”了，从中码到中大码再到大码。这样看来，帮孩子善后或许是主妇的天性呢！

不过，就算只有您一个人，午餐也要吃新鲜出锅的、好吃的东西。以防万一，提前说一句，可不能吃鸡蛋盖饭、鲑鱼茶泡饭、素乌冬什么的草草了事！这点真的很重要。

难易度 ★★★

## 轻松育儿咨询室

**问：** 因为我自身缺乏来自家长的爱，所以有时候会感觉对孩子温柔不起来，或者不知道如何表达自己的爱意。

**答：** 想象“小小的自己”会和孩子一同成长……

首先，尽全力表扬一下努力生活的自己：“一直以来，你真的很努力了。”就像世上没有符合家长幻想的完美孩子一样，世上也没有符合孩子幻想的完美家长。如果家长自身就是在不适合的环境中成长起来的，其育儿的过程就容易出现问题。

我认为，成长过程中缺乏关怀的爸爸妈妈们不知道该怎么去爱孩子，他们感到束手无策是很正常的。如果已经严重影响到日常生活的话，强力推荐早点寻求医生、心理咨询师等专业人员的帮助。

另外，即使情况没有那么严重，有些家长的原生家庭里可能也存在溺爱、过度保护、过度干涉、过度严格等情况。也有些家长由于疾病、心理障碍等原因，没办法很好地完成养育任务，导致出现了种种状况（我小时候也是如此）。

所以，有的家长会在自己可爱的孩子面前倾泻多年以来封印的情感，在无意间就采取了和自己的家长同样的方法来教育自己的孩子，并为此感到强烈的自我厌恶感。

这种时候，请关心下内心这个“小小的自己”，安慰他“那时候真的很无助、很痛苦、很不情愿吧，辛苦你啦”。暂时躲开孩子，在卫生间等可以独处的地方，用哭泣或发怒来宣泄情绪，这都是完全没关系的；

可以在不勉强自己的前提下，为孩子做一些自己当年想让家长做的事情；脑中想象“小小的自己”会随着孩子一同成长，请紧紧地拥抱他，给他同样的爱吧。

# 第2章 和孩子建立依恋关系与信任关系的说话技巧

建立亲子关系的根本在于建立基础的依恋和信任关系，有了它，大部分亲子问题都会迎刃而解。

对孩子来说，家长是无可替代的。只有家长才能给孩子应得的爱。倘若家长能明白这一点并及时行动起来，那么孩子在今后即使遇到困难也能勇敢面对、知难而上，即使失败也能从头再来、百折不挠。

您的一句“爸爸/妈妈最爱你了”具有举足轻重的作用，有益于孩子打开新天地。

## 步骤 11 直率地表达对孩子的爱

说话技巧 — 014 —

基础

以前 既然是我的孩子，肯定会懂我的。

转变

当前 妈妈最爱你了。

**提示：**有些事必须好好说出来，孩子才会明白。

您会将自己的爱意化作一句“妈妈最爱你了”说给孩子听吗？有些家长可能认为即使不说出来孩子也懂，特别是在日本，鲜有家长能坦率地向孩子表达自己的爱意。

如果您是这样的家长，那么，从现在起请鼓起勇气，大胆表达对孩子的爱吧。有些事不说出来，孩子就永远不会明白。有的孩子感官敏锐，能从家长的行为和语言的微妙差别中捕获信息，但是对于沉浸在自己的世界中对外界不闻不问的孩子而言，期待他领会家长的爱是不现实的！这时，家长表达爱意的方式应该像呼吸一样自然、频繁，要执着地告诉孩子“妈妈最爱你啦”“宝贝，今天你也超级可爱呀”，直到他明白为止。

### 用语言之外的方式来表达爱意

用语言来表达爱意当然很重要，但是语言不是万能的。不管一个人说多少次爱你、喜欢你，如果他没有行动，你也很难相信他说的话吧？

用语言之外的方式（以肌肤接触为主）来表达爱意，要注意双方的接受度，不要勉强。待孩子能感受到你的爱意时，情绪就会变得安定。最终结果就是，育儿变得轻松不少。

另外，孩子长大一些后，可以换别的方式来向他“若无其事”地表达爱意，这样有助于孩子培养心理素质。

**表 2-1　用语言之外的方式来表达爱意**

| | |
|---|---|
| **肌肤接触** | ●拥抱。●牵手。●摸头。●抚摸孩子后背。●一起睡觉。●轻轻拍孩子头或者肩膀。●帮孩子整理东西。●孩子打架后帮他处理伤口或带他去医院。●亲子游戏。●陪伴左右。●用手指在孩子的手上或者手腕上画心。 |
| **身体语言** | ●微笑。●温柔地注视孩子。●张开双手接住孩子。●远远地看着孩子玩或做事。●在孩子说话或动手做事的时候点头赞许。●比画手势。●逗孩子笑。●和孩子一起做伸展运动或者陪他做运动。 |
| **画画 / 写字** | ●陪孩子画画并把画好的画装饰在家里。●写纸条或者用手机给孩子发消息、贴图、标记。●写信给孩子。 |
| **食物** | ●一起开心地吃饭。●准备孩子喜欢的点心。●在孩子的便当里加他喜欢的小菜。●一起买吃的或者做饭。●为孩子准备夜宵。●孩子想外出吃饭的时候带他去。 |
| **东西** | ●细致地对待孩子喜欢的东西（如东西坏了帮忙修等）。●听取孩子的意见，让他自己决定自己的衣服和发型。●为孩子购买与他兴趣相关的物品或书籍。 |

## 对有兄弟姐妹的孩子也要表达爱意

有些家长不习惯直白地对孩子表达爱意，而有些孩子也无法坦率地接受家长的爱。

特别是有兄弟姐妹的孩子，就算家长认为自己在平等对待所有小孩，但孩子仍会觉得“爸爸妈妈偏爱小婴儿”“只对哥哥好”等，他们在和兄弟姐妹进行比较后，认为自己得到的爱更少。

另外，也有些孩子明明很依赖妈妈，可是一想到“在兄弟姐妹面前，不可以撒娇”“妈妈看起来好像很累，我得忍住”，便产生了回避心理……孩子心中也会有许多复杂的情绪。

这时候，妈妈可以和孩子营造两人时光并约定两个人之间的小秘密。

- 约定秘密暗号，比如，“捏手三次就是最爱你的意思哦”！
- 在被窝里偷偷牵手。
- 在角落的时候，偷偷往孩子嘴里塞点儿零食并告诉他这是秘密。
- 先把其他孩子交给爸爸照顾，和孩子共度两人时光。

这样是不是好多了呢？怎么样？在育儿方面也可以耍“小心机”哦！

另外，有一些内敛保守的家长在面对孩子时，“最爱你啦”几个字实在难以启齿。这时候，建议您“暗送秋波”。

家长可以通过孩子喜欢的玩具或者宠物的口吻来表达爱意，比如，对孩子说“小狗狗说最爱你了”等，这些都是行之有效的方法。

难易度 ★★★

## 轻松育儿咨询室

**问：** 心里明白用肌肤接触的方式来表达爱意十分重要，但是进行得不太顺利，也想不到其他表达爱意的方式。怎么办？

**答：** 不必勉强自己，在能力范围之内，慢慢地、轻松愉快地进行肌肤接触即可。

人们总说在育儿的过程中要多用肌肤接触的方式来表达爱意，有些家长心里明白却无能为力，而且容易陷入自责之中。

我认为这些家长并没有错，而是各有难言之隐。比如，有的孩子触觉十分敏感，抗拒被人触摸，家长很难和这样的孩子进行肌肤接触。强行触碰这样的孩子，可能反招来厌恶的情绪，所以最好不要勉强孩子。但是，如果放任不管，就有可能导致亲子之间出现隔阂。这时候，最好在双方都可以接受的程度内，从低敏感的部位开始慢慢地扩大触碰范围，让孩子逐渐习惯肌肤接触。另外，推荐进行亲子游戏等帮助孩子“脱敏”。

对于那些抗拒被人触碰的孩子，通过做游戏等方式，让他们主动触摸家长，便可以避免他们产生抗拒心理。

其实有许多孩子在成长过程中会自然而然地“脱敏”，所以家长不必焦急，一点一点地坚持下来就好。

如果您自身就是在没有肌肤接触的环境下成长起来的，可能不想让自己“黏糊糊的”，或者想不到那么多表达爱意的方式（就像我一样），但是，就算在长大成人之后，也完全可以学会如何表达爱意。所以，您只要时不时地小憩一下，按照自己的节奏缓缓前进即可。

步骤 12

# 孩子说话的时候不要否定他

说话技巧
— 015 —
基础

以前　**可是呢？**

转变

当前　**嗯，原来如此！**

**提示：**认真聆听、不去否定是建立信任关系的基础。

如果可以的话，请在孩子说话的时候不要否定他，耐心地听到最后。

试想，自己明明只是想让对方听着就行，可对方却在自己说得高兴的时候来了一句“可是呢”，还用“大道理”打断自己的话，是不是很扫兴呢？次数一多，就算是大人也不会再对这样的人袒露真心了吧。

孩子也是这样。家长在孩子说话的时候，多说些“嗯，原来如此”之类的话，随声附和就足够了。一来二去，孩子心中就会想“大人不会一不小心就伤害到我了”“大人可以包容我做得不好的地方”，渐渐地安全感就建立起来了。

这就是亲子之间建立信任关系的基础。

从平日开始，注意营造家人间无话不谈的氛围。如此一来，即便孩子遭到了校园欺凌，也能勇敢地告诉家长。

另外，对那些不善于交流的孩子来说，家长的这些努力能让他们渐渐明白——如何用语言表达情绪，同时学会如何冷静下来认真聆听。

## 学会随声附和，做个倾听者

令人惊讶的是，附和其实有很多种不同的变化。一开始可能不太熟练，但无论是谁，只要经过练习都能成为合格的倾听者。此外，建议加上表情、眼神接触、身体语言等语言之外的表达方式，向孩子传达自己正在认真地听他说话的信号。表情和动作都用上的话，对方就能清楚地知道您在好好地倾听哦。

**表 2-2 附和词变化示例**

| | |
|---|---|
| **表达同情** | ●原来如此。 ●我懂的！ ●原来是这么一回事。 |
| **表达对谈话内容感兴趣** | ●这样的啊！ ●这样的吗？ ●原来是这样啊！ |
| **表达惊讶** | ●哦！ ●啊？！ |
| **复述对方的话** | ●这样啊，就是说××的一回事吧？ ●啊？是××的一回事吗？ |
| **引导对方继续发言** | ●然后呢？ ●之后发生了什么？ ●比如说？ |
| **推测对方当时的心情** | ●那挺难受的吧？ ●那可真是让人开心呀！ |
| **加上身体语言** | ●边倾听边点头，偶尔加大点头幅度。 ●眼神接触（不要盯着对方）。 ●一边身体接触一边倾听，比如：把孩子抱起来或手放在孩子肩上、背上。 |
| **行动保持一致** | ●边听边和孩子视线保持一致，看着同一个东西。 ●孩子笑的时候跟着笑，孩子生气的时候跟着生气，孩子悲伤的时候皱眉表示悲伤。 |

说话技巧

— 016 —

实践

以前 **话好长，快听不下去了。**

转变

当前 **哦，是这样啊！**

**提示：** 感觉快听不下去的时候，可以适当打断对方。

家长没空的话，也没办法一直耐心地倾听孩子说话吧？面对那些说到兴趣点上就停不下来的孩子、说话速度飞快的孩子、说话时思维跳跃的孩子，家长想要跟上他们的节奏还是挺累的……（苦笑）。

当我感觉到快听不下去的时候，就会使出压箱底的办法：在孩子每句话后面重复说“哦，是这样啊”，或者附和些“嗯，我懂了”之类的话，然后想办法离开（虽然孩子多少会有点儿不满，但育儿的大前提就是家长不能过度勉强自己）。

当孩子心怀不满或者缺乏安全感需要释放的时候，很多家长也很想和孩子共情。可孩子的情感表达太过强烈，把家长当成了“情绪垃圾桶”，家长的情感和精力会被极大地消耗掉。

其实，就算是专业的心理咨询师，也需要给每次咨询制定时间限制，以保证他们在倾听完咨询者大量的烦恼后，在第二天还能保持精力旺盛。

如果以上环节不便操作，家长可以对孩子说：“爸爸 / 妈妈得准备晚饭了，所以可以听你说到 × 点”“现在有十分钟空闲哦”等，做好规划，提前约定好倾听时间的长短。育儿要打持久战，所以爸爸妈妈需要爱护自己，以免过度劳累（根据情况，也可以向专家求助）。

## 步骤 13 和孩子共情

说话技巧

— 017 —

基础

以前 **不痛，不痛。**

转变

当前 **一定很痛吧！**

**提示：**不要否定孩子的感情和感受。

不知道大家有没有类似的经验，当孩子摔倒的时候，为了让他别哭了，一般会对他说“不痛，不痛”。但是，越这样说，孩子哭得越凶。

毕竟感觉到痛就是真的痛，所以不如肯定孩子的感受，这样他的心情能平复得更快一些。

这时候可以用过去式的口气对孩子说“一定很痛吧”，向孩子传达危险已经过去的信号。

不论在什么样的情况，孩子的感情和感受，对他本人来说都是真实存在的。所以，不要去否定孩子的感受。肯定孩子的感受，这点至关重要。

和大人一样，小孩需要有人理解才会有安全感，才能平复心情，才能更客观地看待自己。

就像婚礼上新娘、新郎的致辞中经常出现的一句话一样：“两个人一起分享的话，快乐会加倍，忧愁会减半。”家长如果能陪伴在孩子身边，和他一起快乐、一起悲伤、一起懊悔，也有助于培养孩子的共情能力以及丰富的情绪表达能力。

**说话技巧 — 018 —**

**进阶**

以前 **不许那样说。**

转变

当前 **原来你讨厌他呀！**

**提示：**不要否定孩子的负面情绪。

家长边附和边倾听的时候，孩子有可能一不小心说出真心话——“最讨厌上学了，学校关门才好。”“最讨厌××了。”

虽然出于道德，家长应该纠正孩子不正当的言论，但是首先要向孩子表示自己是他的同伴，是站在他那一边的。

无论孩子有怎样的负面情绪，家长都应该说些话表示对孩子的理解。比如：“这样啊，原来宝贝不喜欢学校呀”“原来你这么讨厌他呀”等。如此一来，孩子就能转换心情，变得积极起来。另外，如果家长能这样长期坚持下去，还有助于预防校园欺凌。

但是要注意，家长不能和孩子一起对学校、老师或其他小朋友恶语相向。不要火上浇油，进一步煽动孩子的负面情绪。否则孩子就会沉浸在厌恶情绪当中，把问题变得更加复杂。

对孩子的情绪表示理解，等孩子冷静下来之后，再和他一起想办法解决才是上策。

说话技巧
— 019 —

实践

以前　**爸爸妈妈当年也是一样啊！**

转变

当前　**无法原谅！这家伙怎么这样！**

**提示：**面对过于出格的事情，和孩子一起哭泣、一起愤怒。

前文说到家长最好不要和孩子一起对他人恶语相向，但有时候孩子会遭遇过于出格的事情。

比如说，孩子遭遇了校园欺凌、校园暴力、精神或肢体骚扰、体罚或过于出格的教育等，我认为家长完全可以和孩子一起愤怒或一起哭泣。

孩子被欺负后，经常会封闭自己的感情，甚至会因恐惧等而不愿说出心中的感受。而孩子那份想说又说不出的情感，可以由家长或身边的人代替他发泄出来。治疗心理创伤的第一步，就是宣泄压抑已久的情感。

其实，我家老大当年也有过类似的经历。那时候气得我血管都快炸了，说了一长串不应该在孩子面前说的话，还因没照顾好孩子而懊悔，在孩子面前痛哭了一番。但是，不久后老大告诉我："我很高兴那时候妈妈替我生气、着急。"

只要有人相伴左右，不论当时遭遇了多么痛苦的事情，最终都会雨过天晴。但是有的孩子即使遭受了校园欺凌，也没办法用语言很好地表达出来。所以，平时家长不光要做一位聆听者，还要多观察孩子，早早地发现孩子不对劲的地方。

校园欺凌就和除草一样，趁它还没扎稳根，越早发现越容易拔除。

难易度 ★★★

# 轻松育儿咨询室

**问：** 从孩子的话里隐约察觉到他好像被欺负了，但是又感觉没到那个地步……怎么办？

**答：** 您必须尽力保护孩子免受校园欺凌，将孩子话里不对劲的地方记录下来，进行可视化。

比起“看不见的欺凌”，学校和家长更容易察觉到的是“看得见的欺凌”，比如，打架、东西被别人弄坏等。而对于“眼睛看不见”的欺凌则有必要将其可视化，比如无视、嘲弄、嘲笑等。这些都是家长和老师觉得“是小孩都会有的”“自己也经历过”的一些小事。但是千万不要忽略这些小事对孩子的伤害，最重要的是，要将孩子遭受欺凌的次数、人数、时间以及孩子自身的感受记录下来。

我家老大曾说：“假如被打一拳或被踢一脚是受到100点伤害的话，那么被嘲笑、被无视一回产生的伤害也许只有1或5点。但是如果小伤害的次数叠加或者持续上好几天的话，合计起来也仿佛是被打了一顿。”

所以，如果孩子话里有什么不对劲的地方，就算家长觉得是小事，也要尽量记在笔记或者日记里，将时间、场所、对方的名字、人数、具体行为及所说的话记录下来。在一件件小事堆积起来突破孩子忍耐的极限之前，家长可以将这些具体的记录整理成材料，提交给学校，请求校方帮忙解决。有了这些具体的记录，说服力就完全不一样了。

家长平日积极参与孩子的生活，是预防孩子遭遇校园欺凌最好的方法。

步骤 14

# 表达自己的感受

说话技巧
— 020 —
基础

以前 **够了！你在干什么呢？**

转变

当前 **妈妈不希望你这么做哦！**

**提示：把主语变成“我”，清晰地表达自己的感受。**

只要是成长中的孩子，难免会搞砸很多事情，给家长惹各种麻烦。

虽然家长也很想听孩子解释，但总是忍不住去说教或者发牢骚。

在这里就先大概学习一下如何表达家长的情绪，在之后的内容中再进行详细的介绍。

首先，将主语改成“我”“妈妈”等，然后要多使用“我觉得……”这样的语句。原因是，如果以孩子为主语的话，很容易让他产生被指责感和抗拒感。同时句子中“我”的主体性也相对减弱。

即便您不太习惯这样的表达方式，也要学会将自己的想法、感受用“我”为主语的句子（“我觉得……”）来进行表达并养成习惯。

在这个基础之上，直白地将自己的感受说出来即可。当然，家长也要尽可能多地表达积极正面的情绪，比如：“妈妈很高兴”“爸爸很开心”，这有助于孩子学习如何用语言表达自己的情绪。

如此一来，亲子交流会变得格外轻松哦！

说话技巧
— 021 —
进阶

以前 **是你错了！**

转变

当前 **对方可能不喜欢你这么做哦！**

**提示：**通过推测对方的情绪，教育孩子人与人之间的感受各不相同。

当孩子和其他小孩起争执时，家长要是察觉到“好像是我家孩子做错了……”，是不是会觉得很没面子，是不是会不由分说地对孩子进行一番说教？但是，小孩子是很难把握自己和他人的区别的，特别是那些不擅长感受他人情绪的孩子或是没有注意到“他人和自己是不同的”的孩子，他们容易在没有恶意的情况下做出一些让对方讨厌的行为。

所以，家长可以通过想象（推测）对方的情绪（虽然真正的情绪只有对方才知道），将对方的情绪转变成语言形式，向孩子传达，比如，“对方可能不喜欢你这么做呢”“虽然妈妈觉得挺有趣的，但说不定对方挺讨厌这样的事呢”等。

一来二去，就算孩子本身觉得很有意思，但也会慢慢懂得“做这样的事有人会觉得讨厌啊”“还有和自己感受不同的人啊”，渐渐知晓他人与自己感受之间的不同。

说话技巧

— 022 —

实践

以前　快把东西/房间收拾好！

转变

当前　猜猜妈妈现在想什么呢？

**提示：让孩子学会推测对方的想法。**

当亲子之间在一定程度上已经能用语言相互传达情感之后，家长就可以引导孩子推测自己的想法了。

特别是不善于察言观色的孩子，家长更应该用语言慢慢引导孩子通过对方的表情、态度等去推测对方的想法，培养孩子的感受力。

比如，当孩子的书桌上乱七八糟地散落着文具、作业本时，家长可以把脸凑过去，以略带夸张的表情，用疑问的语气对孩子说："猜猜妈妈现在在想什么呢？"用简单易懂的方式引导孩子去推测家长的想法。

这样一来二去，就算是不善于察言观色的孩子也能慢慢学会如何通过对方的态度去推测对方的想法（一定程度上）。

**图 2-1　猜猜妈妈现在在想什么呢？**

## 步骤15 给孩子安全感

说话技巧
— 023 —
基础

以前 **你再这样，就不管你了！**

转变

当前 **没关系呀！**

**提示：** 家长之所以吓唬孩子，是因为希望有人能帮帮自己。

在商场偶尔能听到这样的话："你再这样，妈妈就不给你买玩具了！""你再这样，就把你一个人丢在这了！"这些话不仅会降低孩子的安全感，而且当我听到这样的话时，总觉得自己感受到了那位妈妈内心尖叫着发出的"求救信号"，这让我十分心痛。

很多家长也是因为感到一筹莫展，处于一种束手无策的状态，陷入近乎走投无路的境地才会说出这样的话呀。

而且，家长越是无暇顾及，孩子就越是闹腾——不仅四脚朝天在地上闹别扭，还号啕大哭、哇哇大叫（从本人经验上来看！）。

这时候家长可以先深呼吸，即使没有任何把握也要对孩子说"没关系呀"，稳定自己和孩子的情绪。

等双方都冷静下来了之后，再想想其他更好的沟通方式即可。

## 当生活没有空闲的时候，就全面审视生活

虽然家长心里明白这么做不好，但总是一不小心就做出让孩子不安的举动……如果这样的情况长期存在的话，各位家长是不是需要全面审视下自己的行为呢?

如果孩子总是频繁地大哭大闹，家长居家时可以尽量增多和孩子的对话或肌肤接触。安抚孩子的情绪是解决问题的捷径，但前提是家长要学会如何为孩子留出时间。

- □ 您是否有好好睡觉、好好吃饭?
- □ 您是否有小憩的习惯或者休息的时间?
- □ 伴侣是否知道您现在的状况?
- □ 您是否有孩子之外的交流对象?
- □ 除了育儿之外，您是否有做其他事情的时间?
- □ 您承担的工作或者杂务是否在能力范围之内?
- □ 您身边是否有其他可以分担育儿压力的场所（幼儿园或托儿所）?
- □ 您是否多数时间感觉享受养育单个孩子或多个孩子?

以上如果选择打钩的选项很少的话，就可以认定：你自己现在这样的生活状态肯定是没有空余时间的。

当只能通过吓唬来让孩子就范的时候，家长的心里会产生走投无路的感觉。

这种时候，家长应该借助一些外力，来改变自己的生活，比如，减少自己的工作量（暂时的也行），能拒绝的事情尽量拒绝，能拜托的人

都拜托一遍，以此增加自己的空闲时间。

所以当自己的生活“满载”的时候，不必责备自己和孩子，而是要把注意力放在如何改变现状上。

## 帮助孩子冷静下来之前，家长要先冷静下来（理想状态）

**表 2-3　帮助孩子稳定情绪的说话技巧实例**

| | |
|---|---|
| **倾听不安** | ●怎么啦？　●没事吧？　●有什么担心的事吗？ |
| **等待** | ●慢慢来，没关系的。　●爸爸妈妈会等你的。 |
| **保护** | ●宝贝，爸爸妈妈在呢。　●爸爸妈妈在这里看着宝贝呢。 |
| **同意** | ●那样也可以呀。　●很好。　●蛮不错嘛。 |
| **成为心灵港湾** | ●慢走哦。　●随时都可以来找爸爸妈妈的呀。　●欢迎回来。 |

在孩子情绪不稳定的时候，或是对于那些本身就容易不安或者冲动的孩子，家长可以有意识地多用上表中的说话技巧帮助孩子稳定情绪。

降低孩子日常生活中的不安全感，能够减轻孩子恐慌或神经过敏的症状，慢慢地孩子就能长期保持情绪稳定。

另外，家长需要留意什么东西或哪些场所能让孩子冷静下来，不光是在平复孩子心情时候有用，发生自然灾害的时候更有奇效。

比如，对于我家的孩子来说，喜欢的玩偶、触感很好的毛巾、狗狗的肉球、妈妈肉肉的下臂，带有爸爸“体味”的枕头等能让他们放松下来。

另外，家长要是能一直保持身心健康、情绪稳定（理想状态），更有助于孩子建立安全感……但是，现实往往不会一帆风顺。毕竟家长也有自己的难言之隐嘛（我也一样）。

不过，建议家长养成关注自己心情和心理状况的习惯，意识到自己累了，或者产生焦躁情绪的时候及时采取措施。“这种时候这样做就没问题”——光是在脑中有这么个意识生活就会完全不同。

# 步骤 16 帮孩子做好心理准备

说话技巧
— 024 —
基础

以前 不会下雨的，没事没事。

转变

当前 **虽然今天降水概率只有 30%，但如果下雨的话，记得撑伞哦。**

**提示：**面对难以预测的事情，提前告诉孩子发生的可能性和应对方法。

给孩子安全感的下一步就是帮孩子做好心理准备。涉世未深的孩子难以预料将来会发生的事情。那些面对无法掌控的事物时会感到强烈不安的孩子或不擅长随机应变的孩子，一旦遇到预料之外的事情，比如突然下雨等，就会变得十分恐慌，感到很大的压力。

这时候，比起乐观地抚摸孩子的后背，对他说“没事，没事”，还不如事前就告诉孩子“接下来可能发生的事情”，教他具体的应对方法，如“如果 × × 样，就 × × 做”，帮助孩子做好心理准备。如此一来，既可以平复孩子心情，还能防止孩子陷入恐慌等情绪波动的状态。

但是，家长也无法预知所有的可能性，因此要告诉孩子其他例外的可能事件及其应对方法，比如，告诉孩子“如果没有雨伞的话，也可以请求老师把伞借给你哦”。教孩子遇到困难的时候寻求别人的帮助。如此一来家长也能放心。

对于那些不擅长随机应变的孩子，家长可以设法让他们过上规律化、模式化的生活，有助于稳定孩子精神状态。

另外，如果碰上旅行或学校有活动时，要事先和孩子进行充分的说明之后，制定适合孩子的日程表、行动计划表，以增加孩子的安全感。

**表 2-4 帮助孩子建立安全感的方法**

| | |
|---|---|
| **生活规律化** | ●设置闹钟提醒孩子上学时间。 ●活用洗衣机、电饭煲、热水器等家电配备的定时功能。 ●家庭成员每天都在固定时间上班、上学。 |
| **制定日程表、行动计划表** | ●家庭旅行之前，将旅行日程安排表、地图、住宿酒店的照片等打印出来，制成“书签”交给孩子。 ●在学校运动会项目表的对应处写上准备的流程、休息时间、等待地点等，交给孩子。 |

## 育儿法则

### 专业儿科医生的疫苗接种法则

我家孩子经常就诊的那位儿科医生在帮孩子接种疫苗的时候，如果发现孩子感到害怕，他就会稍微掐一下孩子的手背然后说：“大概会这么痛哦。”他在注射之前也会提前告诉孩子：“有那么一点点痛哦。”然后麻利地完成接种。最后还会夸孩子很棒，奖励他小零食。这样，孩子就不怕打针了。

虽然孩子在今后的人生中会遇到许多挫折，会感到失落，但如果家长能帮助孩子做好事前的心理准备，并且事后及时进行心理援助的话，这些挫折或许会变得和打针一样，只会有一点点痛感。

## 步骤 17 家长要善于观察

说话技巧
— 025 —
基础

以前 哎呀，好忙好忙。

转变

当前 嗯？你是不是长高了一点儿呀？

**提示：**观察孩子的行为，能够带来育儿的灵感。

如果家长每天都忙于生活，就难以察觉到孩子的成长。我也一样，在老三刚出生，老大老二还特别闹腾的那段日子里，每天都非常疲惫，完全没空注意孩子们的成长。

但是，不管怎么自责，时光也不会倒流，不如好好珍惜现在，从现在开始留意孩子的成长。

通过细致地观察孩子们的行为，可以得到许多育儿方面的灵感。

想要变得善于观察，首先，要把目光放在孩子身上。比如，观察孩子吵架之后会采取什么样的行动，和朋友和好之后又会采取什么样的行动。

然后，将观察到的正面信息告诉孩子，比如，“嗯？你是不是长高了一点儿呀？”之类的。即便家长每天很忙，也要给孩子一种“爸爸妈妈一直在关注他”的感觉。

说话技巧
— 026 —
实践

以前　**难道，我家孩子突然间就……**

转变

当前　**最近怎么无精打采的，发生什么事情啦？**

**提示：**平日里多观察孩子，倾听孩子心声，和孩子互动。

家长如果能做到不放过孩子任何一点儿小变化的话，在一定程度上有助于预防校园欺凌、纠纷、心理疾病等。因此家长平日里对孩子的观察就显得十分重要。

在平日里有意识地观察孩子平常是什么样子的，才能及时捕获到孩子的细微的变化。

家长平日里要多观察孩子，倾听孩子，和孩子互动，和孩子沟通，这样才能在孩子遇到事情的时候及时发现。

## 育儿法则

### “恋爱高手很殷勤”法则

我总觉得恋爱高手和育儿高手之间有几分相似。想必是恋爱高手都细致钻研过如何表达爱意吧。

恋爱高手非常擅长捕获对方小小的变化，每次都能殷勤地夸赞对方，如“嗯？今天的发型不一样呀”，并且还会把对方的兴趣、爱好，以及很多纪念日都记下来。

如果知道对方这么关注自己的话（跟踪狂除外），大部分人都会感到开心吧？

育儿也是如此，诀窍就在于频繁地向孩子表达自己的爱意。

难易度 ★★★

## 轻松育儿咨询室

**问：** 孩子早上说不想去学校，感觉他和平日里不太一样，要不要让他休息呢？

**答：** 家长可以依靠“直觉”，综合判断要不要让孩子休息。

孩子不想去学校有几种不同情况，有可能是孩子有点疲惫或是想在家玩游戏，抱着一个想偷懒的心态不想去学校，也有可能是因为什么事情受到了刺激，宁死都不想去学校……

所以，家长不能一刀切，让孩子休息或不让孩子休息都要就事论事，灵活地进行判断。

这时候家长的直觉可以派上大用场。当然，家长的直觉不是毫无根据的“直觉”，而是基于平日里对孩子的观察领悟到的“综合判断力”，是以庞大的数据为基础磨炼出的“直觉”。

如果直觉告诉您孩子和平日似乎不太一样的话，完全可以让孩子休息。

另外，有些孩子有时心理会有承受不住的时候也不会表达出来，或者即便承受不住了，嘴里也说着“没事没事”，摆出一副开朗的样子。面对这些孩子，家长需要自行判断是否要帮孩子“踩刹车”，给孩子争取休息的时间。

这之后该怎么办呢？先要让孩子在家安心休息，等孩子恢复到往常的状态后，再和他一起商量之后的对策。

有的孩子可能短暂休息过后就能恢复正常去上学，也有孩子可能恢复得不理想，需要长期的休息。这时候家长不要着急，先等待孩子自己调养。

在没有保证孩子最基本的人身安全和身心健康之前，无法知道孩子自身的想法，家长也就难以对孩子的今后做出适当的判断（究竟是要让孩子继续去同一所学校，还是让其转学或休学）。

但是如果家长从平日里就注意观察孩子，倾听孩子，和孩子互动，和孩子交流，提前准备好了能够平复孩子情绪的场所的话，我相信您一定可以和孩子一起共渡难关。

步骤 18

# 尊重孩子的意愿

说话技巧
— 027 —
基础

以前 你真的要这么做？

转变

当前 爸爸妈妈希望宝贝这么做，可以吗？

**提示：**就算是为了孩子好，也不能强迫孩子。

和孩子的依恋关系足够牢固的话，家长会感觉到仿佛和孩子“融为了一体”。这种感觉是家长能够坚持养育好孩子的重要动力。但是如果家长控制欲很强，就会觉得孩子是自己的一部分，从而演化成所谓的过度保护、过度干涉，想要管理或控制孩子的一切，或者操纵孩子的意志和行动（我曾经也是）。

因此，家长有必要练习如何在重视依恋关系的同时尊重孩子的感受，练习如何在自己控制欲来临前“踩刹车”。

一想到是为了孩子好，家长就会一项接一项地让孩子做各种各样的事情。这种时候，可以问问孩子：“爸爸妈妈希望宝贝这么做，可以吗？”在向孩子做了充分说明的基础上，尊重孩子的意愿。获得孩子的理解之后，再进行下一步。

不论多么美好的事情，如果没有干劲就不可能积极主动地投入并坚持，因此首先要确认孩子本人的意向。

## 育儿就是在“拔河”中让孩子走向自立

**图 2-2　让孩子走向自立**

想必有些家长有过这样的烦恼：宠孩子会被说成过度保护，放手又会被指责不关心孩子，那到底该怎么办啊？

不论是过度保护或过度干涉，还是放任或不关心都是极端的行为。所以在“适当保护或适当干涉”和“适当放手或适当关心”的范围内，家长和孩子“拔河”，保证孩子处在中间的成长区域之中。就算有所苦恼，但双方只要能保持不断左右拉锯，我认为这是家长参与孩子成长最好的方法。

如果有任何一方觉得自己拉得有点儿太用力了，稍微放松一下，握好绳子，重新调整下力度就可以了。

孩子会在“想撒娇”的不安全感和“我能做到”的好奇心之间不断摇摆，所以家长在孩子想撒娇的时候适当保护，在孩子想挑战的时候适当放手。如此一来，孩子就能靠自己的努力，一步一步走向自立。

不过，面对本身就缺乏安全感的孩子和好奇心旺盛的孩子，家长在“拔河”中容易被拉向另一边，因此家长需要在平日里多多磨炼自己的“平衡感”。

**说话技巧**
**— 028 —**
**实践**

以前　**已经帮你把房间收拾好了。**

转变

当前　**妈妈今天想帮你收拾下房间，可以吗?**

**提示：**当不得不强迫孩子的时候，提前告知孩子。

大部分孩子随着成长会渐渐产生领地意识，当然也有的孩子毫不介意。特别是青春期的孩子，不喜欢别人擅自进入自己的房间，还会因为家长趁上学时间好心帮他打扫了房间而暴跳如雷……各位家长可以回想下多年前的自己，应该可以感同身受吧。

话虽如此，但是看到孩子的房间一片狼藉，“再这样下去，房间就变成垃圾场了”——家长不禁感到一种危机感，“强迫执行”也是迫不得已。

这种时候，家长可以提前告诉孩子一声：“帮你收拾下房间哦，可以吗？”如果孩子还不愿意，只能劳驾他亲自来喽。

除了帮孩子收拾房间之外，当家长不得已要强制做一些事情的时候，提前和孩子说一声要比事后再告诉孩子好得多，这样能极大地降低孩子的抵触情绪和抗拒感。

步骤 19

# 让孩子自己做出选择

说话技巧
— 029 —
基础

以前 **不许剩下，全吃完！**

转变

当前 **想吃米饭还是面包呢？**

**提示：**就算条件有限，也要让孩子自己做出选择。

孩子也拥有独立的人格，家长一定要尊重孩子的意愿，让孩子自己做出选择。举例来说，家长帮孩子纠正偏食的毛病的时候，如果强迫孩子吃完所有的东西，就会给孩子带来巨大的心理压力，甚至导致孩子变得更偏食。

教会孩子不要浪费粮食固然重要，但如果孩子连吃饭都觉得痛苦了，那就真的得不偿失了。吃饭时间=快乐时间，这样孩子每天的幸福指数才会飙升。

建议家长在能力范围内，让孩子自己做出选择。先列出几个现实可行的选项，然后让孩子自己选择。让孩子参与决策，他会很开心。

另外，没有其他选项的时候，就在给孩子盛饭的时候询问他想吃多少，通过适当调节饭量也是可行的。

不仅是吃饭，在其他事情上，只要孩子有决定自己事情的自由，就会变得积极乐观。

## 纠正孩子偏食的方法

孩子如果偏食的话，不光家长会担心，还会让学校供餐的难度上升。

总之，如果孩子可以通过三餐摄取到成长所需要的能量就够了，家长也不要钻牛角尖。

而且，如果是由于味觉、触感（口感）、嗅觉等过度敏感导致的偏食，会随着成长自然脱敏，家长也不必太过担心。

但是如果家长想在日常生活中慢慢纠正孩子偏食的习惯，最重要的是让孩子慢慢习惯某种食材的口味、气味和外观，让孩子明白这种食材是安全的，这样才能消除孩子的抗拒感。比如说，我家用过如下方法后，孩子能接受的食材就慢慢变多了。

- 拿大盘子装菜，让孩子可以选择，可以不吃讨厌的东西。
- 和孩子一起做简单的菜，让孩子熟悉食材。
- 外出就餐的时候尽量选择美食广场、自助餐等可以自由选择的餐饮店。
- 一家子在愉快的氛围中吃火锅或者烤肉。

**育儿法则**

### 想想PTA，给自己“踩刹车”法则

一说到“强制”一词，我脑中最先浮现的就是家长教师协会（Parent-Teacher Association，PTA，是日本学校中家长与教师之间构建的联络组织，性质上属于社会教育关系团体）。

虽然PTA会让人做些低效的无偿劳动，但令人不喜欢的关键还是孩子入学的时候所有家长就得强制入会，然后就是“全员轮流当负责人”或者“抽签选出的负责人，无论是否有私事，都必须负起责任”等，丝毫没有选择的余地（我相信以后会慢慢变好的）。

再怎么为了孩子，如果带有一种强迫感的话，妈妈们不愿意配合也是理所当然的。

因此，当我想强迫我的孩子做什么的时候，我会一瞬间在脑中回想起PTA，当作对自己的告诫。

**说话技巧**
**— 030 —**
**实践**

以前 **快说清楚啊！**

转变

当前 **去学校，早上休息，今天休息，要选哪个呢？**

**提示：**提出折中的方案供孩子选择。

即便家长想尊重孩子的意向，但有些孩子语言表达能力不足，没法很好地将自己的想法说出来。

另外，还有些心地善良的、不擅长自我主张的孩子，习惯性考虑周围人的心情，自身的态度非常模糊。

对于这些孩子，可以向他们提出几个折中的方案，这样有利于引导孩子做出“心仪”的决定。

重点是，不要将选项极端地分成“0或100”“全要或全不要”两种，而且在孩子做出选择后家长也不要说三道四。

比如说，早上孩子出门前拖拖拉拉的，但也不是大哭大闹着不想去学校……总之孩子的态度非常模糊（我家孩子也时不时会这样）。这时候，家长不应该只给出“去或不去”这两个选项，而是要加上其他一些在自己能力范围之内的折中方案，供孩子自由选择。

当然，孩子也不是必须要在家长给出的选项中进行选择，家长需要给孩子一个自己思考的契机，并引导孩子说出自己的答案。比如：“我肚子有点痛，今天体育课想在旁边休息”等。

## 步骤20 采纳孩子的意见

说话技巧 —031— 基础

以前 **别抱怨了！**

转变

当前 **这个周日想去哪里呀？**

**提示：**询问孩子的意见，和孩子商量。

继“尊重孩子的意愿”“让孩子自己做出选择”之后，家长还应做到的一点是，采纳孩子的意见。也就是说，家长做决定的时候带上孩子，要和孩子商量。先从非常小的事情开始也没问题。

尝试从小事开始，询问孩子的意见，比如，想去哪里、想吃什么等。

如果孩子给出类似“想去夏威夷”“想吃‘不回转寿司’”等天马行空的回答，即使家长没办法帮孩子实现这些愿望也没关系，只要孩子能说出自己的想法就够了不起了。

这时候，“那，这么做怎么样”——家长再提出替代方案，然后孩子也会提出下个想法，“那这样呢”……一来二去，最终能得出双方都接受的方案，比如：“去大型游乐园”“打包寿司回家”等。和孩子商量到最后是最重要的。

如果孩子的意见在某种程度上被采纳的话，他会产生作为家庭一员的自觉性，在今后的家庭生活中也会变得更加积极配合。

**说话技巧**
**— 032 —**
**实践**

以前 **既然不喜欢，一开始怎么不说啊？**

转变

当前 **宝贝原本是想怎么做呀？**

**提示：**事后也可以，要记得照顾孩子的心情。

就算家长想尊重孩子的意愿，但有一些孩子性格内向，在让他做决定的时候常会一言不发。当家长认为“（既然没有反对）那就这样吧”并做出决定之后，孩子又磨磨蹭蹭或者不停埋怨这埋怨那，消极参与。

想处理好与这种类型的孩子的关系其实挺难的。

比如，当大家决定好了一起出门，但是刚到目的地孩子就抱怨自己累了，或埋怨摊子的东西不好吃，家长听到孩子这么发牢骚也会忍不住想生气吧，“既然不喜欢，一开始怎么不说啊？”

这种类型的孩子就是因为在决策的时候过度察言观色，压抑自己的感情，所以容易产生不满情绪。

不过，有时候多亏了这样的孩子的隐忍，家庭才能顺利运转起来。但是，如果孩子一味地压抑自己的话，将大大增加将来患上心理失调的可能性（就像我家二儿子一样）。

对于这样的孩子，可以事后认真地询问孩子真正的意愿并向孩子道谢：“谢谢你为了大家牺牲自己。”家长先体谅孩子的心情，然后可以约定下周带孩子去想去的地方或做想做的事等，帮孩子疏导负面情绪。

难易度 ★★★

## 轻松育儿咨询室

**问：** 我家孩子虽然有发育障碍，但症状相对较轻，很烦恼究竟该让孩子入学“支援级”还是“通常级”？

**答：** 陪孩子一起去学校参观，尊重孩子的意向。

根据孩子的症状、所处环境、家庭教育方针的不同，有的孩子确实需要进入“支援级”（特别支援学级）班级学习。

截至2020年5月，日本的“支援级”班级人数上限为8人，小班教学的同时还能获得丰富的援助，可以满足一些孩子“需要人少才能冷静”“按照自己的节奏学习”的需求。

坦白来讲，“支援级”班级的情况和氛围会随着学校、地方政府或地区的不同而有很大不同。有的“支援级”班级的援助体制建设或师资供给跟不上，有的“支援级”班级里难以开展个性化教育或者针对性指导。

因此，如果要考虑“支援级”的话，家长一定要和孩子一同参观、体验该学校的“支援级”班级氛围，听取校方的说明之后，再做决定。

重要的是，家长要用简单易懂的语言告诉孩子“支援级”和“通常级”二者的优缺点，在尽量尊重孩子意愿的基础上，和他进行沟通。

另外，还可以让孩子一边在“通常级”学习，一边接受来自“通常级”指导教师或加派老师的指导。也可以让孩子一边在“支援级”学习，一边时不时在“通常级”随班学习，这也称为“交流级”。等孩子习惯了，就可以直接转到“通常级”了。因此家长没必要纠结是选“通常级”还是“支援级”，选项不止这两个，灵活地选择才是最好的做法。

步骤 21

# 向孩子道歉

说话技巧
— 033 —
基础

以前 **不管你了，你怎么样都行！**

转变

当前 **对不起，妈妈话说得太过分了。**

**提示：** 就算对方是自己的孩子，家长做错了也得老实道歉。

说过很多遍了，家长也是普通人，也会控制不住自己的情绪，一不小心对孩子说了些过分的话，或者对孩子冷处理等，这些都可能让父子、母子之间好不容易积攒起来的依恋和信任关系瞬间化为乌有。

如果发生了类似的事，事后向孩子真诚地道歉是非常有必要的。

虽然道歉不一定会得到原谅，但是总比什么都不做要好得多。

“对不起，爸爸/妈妈话说得太过分了。”“爸爸/妈妈当时不该那么说的。”“是爸爸/妈妈错了，对不起。”……

家长也会犯错误，只要能好好地认错并回归正轨就可以。而且，向自己孩子认错有助于练习如何向其他人低头认错。毕竟育儿过程中，多余的自尊心是不会带来什么好处的。

另外，家长的道歉行为还会起到榜样作用，亲力亲为地教会孩子在和朋友闹矛盾后如何认错，如何和朋友重归于好。

## 请求孩子原谅的时候如何哄他开心

说是这么说，但是有些家长很难虚心认错，或者即便家长道歉了，有的孩子也是难消怒意。

这时候，可以等孩子情绪稳定了，再不露声色地哄他开心，和他和好（也适用于夫妻吵架之后）。不妨试试以下方法。

- 默默地拍拍孩子的头，或漫不经心地坐在孩子旁边。
- 坐着的时候，大腿上别放任何东西（引导孩子坐上来）。
- 准备孩子喜欢的点心，或晚饭时做孩子喜欢吃的菜。
- 和孩子一起做他喜欢的事（看电视、看漫画都可以）。
- 在孩子玩耍途中，突然插话问他在干吗。
- 在孩子面前拿出有意思的东西，诱惑他（如给孩子展示一些新的、不常见的东西，或漂亮的东西等）。
- 当孩子遇到困难的时候，像英雄一样从天而降并帮助他。

窍门就是慢慢增加和孩子的接触，做一些能让孩子开心的事情。如果孩子笑了，就说明你们已经重归于好了。

图 2-3　哄孩子开心

难易度
★★★

## 轻松育儿咨询室

**问：** 总对孩子发脾气，事后我又非常后悔，要怎么向他表达爱意？

**答：** 修复亲子关系不存在“为时已晚”一说。

请放心，我曾经也和您一样。没有哪一个孩子一上手就会骑自行车，也没有哪一个家长能在孩子出生时起就能完全正确、毫不迷茫、张弛有度地养育好孩子。

在育儿的路上，有时候会摔倒，有时候会走错路，有时候会迷茫，但是不论怎样，您都成功地走到了今天，光凭这一点儿就应该表扬自己。

不过，就算事情已经过去，如果亲子之间受的旧伤重新发作，或哪一方回想起迷茫状态的恐慌感，都可能会对今后的亲子关系产生不好的影响。但是，修复亲子关系不存在“为时已晚”一说。不论过了多长时间，不论孩子长大了多少，都没有关系。因为孩子永远都在等我们。

回想过往，我上小学的时候有一阵经常逃学。那时候，母亲给我道歉说：“对不起，是妈妈错了。”彼时的母亲因为工作忙碌，没有太多闲暇时间照顾我。同时，她还是当时众多“教育妈妈”中的一位，对我抱有过度的期待。不过，似乎我逃学这件事让她改变了想法。

结婚之前，我把这件事告诉了孩子他爸。他说：“家长对孩子道歉需要很大的勇气。你的妈妈真的很了不起。”而这份美好的回忆在母亲去世之后仍支撑着我的心。

没有家长能做到完美，虽然有时候会犯错，但是只要注意到了这点，并向孩子道歉、重新来过就好了。

步骤 22

# 弥补过去

说话技巧
— 034 —
基础

以前 **这孩子小时候没少让我操心。**

转变

当前 **你小时候虽然调皮，但是真的很可爱呀。**

**提示：**弥补“过去”，“现在”开始也不迟。

人虽然不能回到过去，但可以改变对过去的看法。

可能家长曾经做了许多追悔莫及的事情（我也一样）。比如，从前不知道怎么和孩子相处，每天都对他发脾气，或是因为忙于自己的事或照顾其他孩子而冷落了他，让他有了寂寞、悲伤的回忆……

但是，没关系。弥补“过去”，“现在”开始也不迟。

不管孩子记不记得，家长可以将以前因为忙碌而没有传达的爱意化作可爱的回忆，时不时向孩子诉说过去的事。

家长心中对孩子的爱和他们能表达出来的爱，不一定成正比。孩子能否沐浴在父爱、母爱中成长，取决于家长能否简单易懂地向孩子表达足够的爱意。

但是，即便过去做得不好，家长现在也可以多向孩子表达爱意，弥补过去的“空缺”。

说话技巧
— 035 —
进阶

以前 **那时候要是爸爸 / 妈妈多为你做点儿事就好了。**

转变

当前 **宝贝现在想要什么呀？**

**提示：**听听孩子的愿望，为他做只有家长能做到的事。

“那时候要是多为孩子做点儿事就好了”，育儿中的家长总会后悔这后悔那的。

“就应该从小培养孩子的绝对音感或英语能力。”“应该每晚都给他读书听的。”……就算家长对这些事情感到懊悔，但是这些事情对孩子的成长来说真的有必要吗？我想大部分是没有的。

我认为，家长应该好好地听听孩子的心里话或者愿望，在能力范围内为孩子做些他希望家长能做到的事情，毕竟孩子想要什么只有他自己知道。

家长没办法帮孩子实现全部的愿望，但是有很多愿望只有家长能帮孩子实现。

比如，孩子说想要抱抱，就算他已经大到让家长双手都抱不起来了，家长也可以坐在沙发上，让孩子坐在自己的大腿上，直到他心满意足。

就算之后才察觉到孩子真正的愿望，但只要家长能帮他好好实现愿望，什么时候都为时不晚。如此一来，既可以填补孩子心里的“小洞”，又有利于孩子健康地成长。

步骤

# 23 表达谢意

说话技巧

— 036 —

基础

以前 **这是理所当然的。**

转变

当前 **谢谢宝贝！**

**提示：**寻找机会，向孩子表达谢意。

孩子哪怕只做了一件小事，如果家长能养成表达谢意的习惯，毫不夸张地说，一句“谢谢”就能够改变孩子的人生。

日常生活中，其实有很多可以向孩子表达谢意的机会。

生活忙碌的话，或许很难发现这样的小小机会，因此请稍微放慢速度，睁大眼睛仔细地寻找一下。

这种寻找表达谢意的机会的过程非常重要，有利于家长调整自己的心理状态，变得更加乐观向上。

特别是孩子在某些方面有所进步或是孩子稍微努力了一点儿，这么一些被当成理所应当的变化之中，其实潜藏了许多可以向孩子表达谢意的机会。如果家长没有把握住的话，我觉得很可惜。

如果您能把“谢谢”常挂在嘴边的话，相信您的孩子及伴侣也会慢慢学会如何坦率地表达谢意的。

您最开始可能会感到害羞，但是试一试也不会有损失嘛。

## 如何把握道谢的机会

重点关注在日常生活中类似“理所应当”的小事，表达谢意的机会或许就在其中。

□面对自己不喜欢的东西，孩子能稍微忍耐了

例：不喜欢排队的孩子好好排队了/活泼好动的孩子吃饭的时候乖乖坐在座位上/不安生的孩子外出时好好地牵着家长的手……

□孩子稍微地学会让步或妥协了

例：让出遥控器，让其他家庭成员看他们想看的节目/虽然计划有变，但还是和大家好好合作了/能低头认错了……

□孩子学会如何为别人着想了

例：懂得自己打扫卫生了/懂得关心家人的心情和身体状况了……

□孩子稍微学会体谅他人了

例：外出前能乖乖地等兄弟姐妹做准备了/能接受别人的道歉了/能帮家长一起收拾残局了……

□来自孩子小小的帮助

例：帮忙拿酱油、搬行李、开门、关门/懂得把垃圾扔进垃圾桶里/懂得物归原位/饭后主动收拾碗筷/帮忙挪了下凳子……

也就是说，哪怕孩子只为家庭帮了一点儿忙，家长也可以对他说“谢谢宝贝”了。当您可以毫无压力地向孩子表达谢意之后，再挑战下如何向伴侣道谢吧。

多多道谢，人生将变得丰富多彩。

说话技巧

— 037 —

实践

以前 **总是给您添麻烦，非常抱歉。**

转变

当前 **感谢您一直以来的帮助和谅解。**

**提示：孩子越是给周围人添麻烦，就越要向周围人表达感谢。**

孩子总是在外闯祸，导致家长总是向别人道歉。对此，家长是不是觉得很没面子呢?（从我的经验上来看，确实没面子！）

即便如此，我认为家长应该有意识地多说些“谢谢”，而不是“对不起”。

平日里可以多找些机会向那些帮助过自己的人道谢。比如说，学校老师、邻居、其他认识的妈妈、帮忙维护上下学交通的指挥员、常去超市的店员等，可以对他们说：“感谢您一直以来的帮助和谅解。”“前些日子真是太感谢您了。”……

比如，和老师联络时可以写上“一直以来我家孩子承蒙您的照顾了”的字样向老师表达谢意，或者写一些寒暄时常用的礼貌用语也不失为一种道谢的方法。

如果家长能源源不断地对他人表示感谢，那么孩子也不容易被周围人视为“问题儿童”，同时他们还会用温柔的眼光和家长一起守护孩子的成长。而且孩子也会把家长当作榜样，学会如何道谢。就算孩子本身比别人多些缺点或是调皮些，也容易得到周围人的理解或帮助，最终顺顺利利地渡过难关。

# 第3章 帮孩子建立自信的说话技巧

亲子之间成功培养出依恋与信任关系之后，接下来就是帮孩子建立自信。

当然，表扬孩子也是有用的，但是最重要的是，家长要以肯定的眼光看待孩子，留意孩子的成长与努力，重点关注孩子做得好的地方，向孩子反馈他的闪光点。

为此，家长不要拘泥于一直以来的常识和价值观，学会降低自己的期待值。将孩子当成“好孩子”来对待的话，孩子会干劲满满，表情中也自然就会流露出自信的光芒。

步骤 24

# 降低表扬的标准线

说话技巧
— 038 —
基础

以前 能做到是理所当然的。

转变

当前 **宝贝做得很好！**

**提示：挖掘孩子每天“不经意间的努力”。**

明明一开始是“感谢你平安地来到这个世界，我的孩子”，但是后来却变成了“这个做完了做那个，那个搞定了搞这个”，不知什么时候起，家长变得有些“贪得无厌”起来。不过这就是家长的天性吧。加上当孩子成长到一定程度，本来觉得“做得很厉害”的事情在家长眼中也变得理所应当起来。如此一来，家长很难察觉到孩子每天那“不经意间的努力”。

不过，假如孩子爸爸或孩子总是一副“回家就该有晚饭吃”的态度的话，孩子妈妈肯定会想：“能做饭给你吃就谢天谢地吧！”如果家长尤其妈妈能从一些理所应当的小事中（如每天上下学、完成作业等），挖掘出孩子不经意的、看不见的努力，夸他一句“宝贝做得很好”的话，效果会完全不一样。孩子肯定会觉得很暖心。

所有的孩子都有自己擅长和不擅长的事。有的孩子运动全能却不擅长学习；有的孩子擅长数学，不擅长语文……

## 孩子的特点与表扬标准线的关系

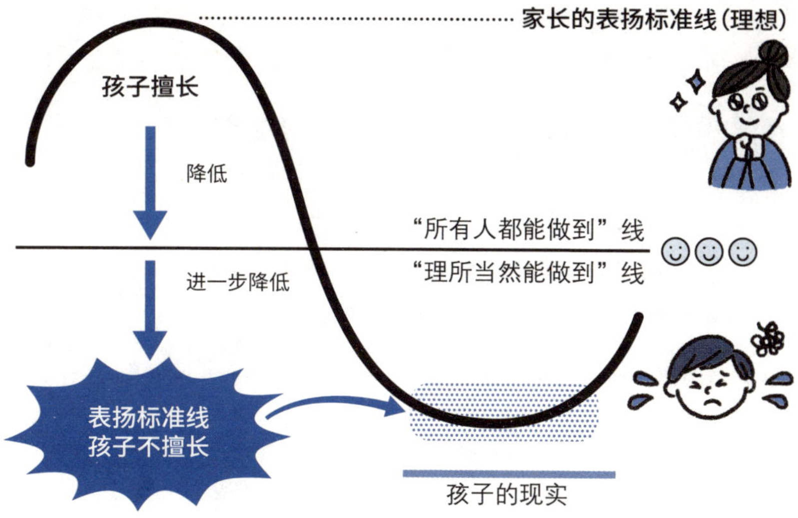


**图 3-1　孩子的特点与表扬标准线的关系**

擅长和不擅长之间的差距越大，孩子的"好球带"就会越小。特别是在"和大家一样""这种事能做到是理所当然的"的环境下，孩子就更难打出"安打"，努力的结果往往不是很理想。

即便如此，要是家长和老师以孩子擅长的那部分为基准——"数学好，语文肯定也没问题"，或是以所谓"平均水平"为基准——"都 × 年级了，这个肯定没问题"，那么不管怎么样，注意力还是容易落在孩子不擅长的那部分上面。

在这样的环境下，有些孩子不断地努力想要补短板，却因为没得到过任何人的肯定而丧失了信心。

因此，那些以孩子擅长的事为基准或是对孩子有着更高期望的家长们，虽然可能会放不下面子，但这时候不妨降低一下自己的表扬标准线，降低到孩子“不擅长”“做不到”的水平上，或许就能发现孩子的许多优点哦。

难易度 ★★★

## 轻松育儿咨询室

**问：** 我家孩子有发育障碍的倾向，他在学校里显得特别引人注目。我也希望老师能理解一下……到底该怎么办？

**答：** 平日里多向老师表达感谢，告诉老师关于孩子的正面信息。

有发育障碍倾向的孩子，在一些事情上，擅长或不擅长之间的差距特别大，在主张“均衡发展”的集体教育中，他们的失败就被无限放大。

对此我建议家长从平日起要尽量向老师表达感谢，同时多告诉老师一些关于孩子的正面信息。

如果需要老师在课堂上特殊照顾一下的话，家长得转告老师孩子的特点，“我家孩子不擅长这个，那个也不太会，所以请别为难他”。但是如果一味地告知老师孩子的缺点，老师也会感到不安，担心自己能否应付得过来，有可能不知不觉就将孩子当成“差生”“问题儿童”来看待。

对此，有许多解决方法。比如说，告诉老师孩子的能力范围，如“我家孩子虽然不擅长笔算，但是会算进位加法”；或者告诉老师孩子特有的努力，如“他如果能在学习发表会的舞台上站到最后一刻，也算是非常努力了”等。也可以在交谈的时候告诉老师孩子具体的优点，如“我孩子在家会帮忙照顾宠物”等。需要老师特殊照顾的时候，不仅要告知孩子的缺点，也要告知孩子的优点，如此一来老师也容易察觉到孩子的努力。

过一段时间后，再向老师表达谢意，和老师分享孩子的进步。比如，“一直承蒙您的照顾”“感谢老师一直以来对这孩子的照顾”“多亏老师，这孩子终于学会笔算了”“这孩子上次还高兴地和我说老师您夸了他字写得好看”，这有助于改善老师对孩子的印象。

如此一来，我认为老师就会用包容、温柔的眼光看待孩子，理解孩子。

## 步骤 25 关注孩子的优点

说话技巧
— 039 —
基础

以前 这里做错啦！

转变

当前 到这里为止都做对了哦！

**提示：**下意识地养成关注孩子做得好的地方的习惯。

家长一拿到孩子的试卷和作业，是不是眼神就开始不自觉地搜索哪里打了“×”呢？当把孩子推到朋友、学校或公众面前时，是不是越看就越在意孩子做得不好的地方，想着“必须好好地让他如何如何”呢？

其实，人天生就喜欢将视线投向事物的缺点上，这是一种十分正常的心理现象。

因此，即使违背人的本能，家长们也得有意识地养成“挖掘孩子的闪光点”这一习惯，否则就会变成“啰唆老太婆”了。

一方面，小孩子本就难以坦然接受自己的失败，尤其是在孩子没有自信、没有动力的时候，那些有着完美主义倾向的小孩对被否定这件事可能会十分敏感。

所以，在检查孩子的试卷和作业的时候，多注意打“√”和答对了的地方，要告诉孩子“到这里为止都做对了哦”“这里答得真好呀”，多多地表扬他吧。

## 制作孩子的“优点列表”

在前文中曾提到家长要制作自己的“优点列表”，现在终于轮到制作孩子的“优点列表”了。

孩子的优点、长处，尤其是孩子的特别优秀的部分自不必说，在日常生活中乍一看觉得“理所当然”的小事中，甚至在孩子不擅长的事中，其实都隐藏着他特有的努力和忍耐。

在本子上写出孩子“做得到”“做得好”“做得非常好”的事情（尽量写出100个）。如果您觉得写不出来，不妨重新审视“自己心中孩子的印象”，再回想孩子每天的样子之后，尝试下笔如何？

问题1：“这真的是孩子理所当然要做到、能做到的吗？”

例：每天都去幼儿园、学校，每次都努力完成作业。

问题2：“这真的是孩子的短处、缺点吗？”

例：好动，也可以说他好奇心重；任性，也可以说他有主见。

问题3：“为此孩子真的已经相当努力了吗？”

例：即便孩子非常讨厌运动会，他也参加并坚持到了最后；作为挑食的孩子，即使不喜欢学校提供的午餐也能坚持去上学。

问题4：“这是不是孩子的优点呢？”

例：能集中精力在喜欢的事情上且投入好几个小时；能尝出哪怕一丝丝味道的变化。

家长只要稍微改变一下自己的看法，就能发现孩子的优点、孩子每天的努力以及他独特的闪光点。

**说话技巧 — 040 —**

**实践**

以前　××（孩子 A），你搞砸了！

转变

当前　××（孩子 B），你做得很棒！

**提示：**要夸奖兄弟姐妹中做得好的孩子。

“关注孩子的优点”这招在养育多个孩子或在集团教育的场合中也用得上。

在一群孩子之中，家长和老师往往喜欢关注那些不让人省心的孩子，或者关注优秀孩子的时候会重点看他们的缺点。其实，大人应该关注的是那些私下默默努力、踏踏实实做事的孩子和他们的优点。

大人也是一样，如果自己努力了却得不到赏识，也会觉得心怀不满的吧。

与其责备那些总是失败的孩子，不如去夸奖那些做得好的孩子，“×××，你做得很棒”“好努力呀”，如此一来，孩子也就明白，用不着高调做事，家长也会好好关注自己（但要注意的是，这种时候不能牵扯到那些容易失败的孩子）。

这也可以为那些做事喜欢越界的孩子树立一个榜样。其实习惯之后，孩子之间就会相互学习，这让家长和老师更加轻松和放心。

## 步骤 26 适当降低期望值

说话技巧
— 041 —
基础

以前 **至少得和大家一样。**

转变

当前 **能到达最低标准这就是成功。**

**提示：** 孩子能把短板补齐到最低标准就表扬他。

家长看到别人家孩子，总是会不自觉评价自家孩子不够努力、没有韧性……

但是，孩子与生俱来的短板，就算是他很努力，有韧性和斗志也是难以补齐的。

话说回来，也不是说要对孩子的短板放任不管。如果不稍微补齐点儿短板，孩子可能连长处都发挥不出来。而且孩子的短板和长处之间的差距会越来越大，给他造成多余的压力，最终让他失去自信和干劲，甚至还有可能使他因为得不到他人的理解而焦躁万分。

这时候最重要的是，家长该把期待值定在什么水平？

对于孩子短板的期待值，家长不应该定在平均水平上，而是要定在最低水平——对生活不会造成特别大影响的程度。家长要懂得适当让步，只要孩子的短板能补齐到最低标准就不要再追究。

## 设计积分奖励系统

设计一个奖励系统，如果孩子努力地弥补短板的话，就给予孩子一定的积分，积攒的积分可以兑换他喜欢的东西或当零花钱。

可以允许孩子把获得积分作为目标，不断努力补齐短板。

孩子在努力的过程中可能渐渐就会有突破，也有可能一无所获，努力过后，孩子自身对短板的负担感或抵抗感也会有所减轻。相信等孩子建立自信后，就算去掉积分奖励他也会继续努力下去。

说话技巧 — 042 —

进阶

以前 **宝贝做得好棒，但如果能把这个也搞定就好了。**

转变

当前 **宝贝做得好棒。**

**提示：** 当孩子完成一个目标后，不要马上提出下一个目标。

有成语是这么说的，“望子成龙，望女成凤”，这也说明了为人家长的天性之一就是期待自己的孩子能够不断成长。

但是，如果孩子好不容易搞定一件事后，家长却在一瞬间又提出下一个目标，导致孩子好不容易得来的成就感一下子就化为了虚无。因此，请家长把到了嘴边的话再咽回去，千万不要多此一言。

## 育儿法则

### 瑕疵接二连三！“遮瑕膏法则”

不知道大家有没有发现，人只要注意到自己的一个缺点、瑕疵之后，剩下的缺点、瑕疵就会接二连三地冒出来。我们身边就有这样的例子。

我平时虽然不化妆，但是赶上学校的入学典礼等正式的场合，也会从柜子深处翻出化妆品，“今天要画个美美的自然妆容，化身干练气质妈妈！”然后就在镜子前面开始笨拙地上妆。

这时候，突然发现自己脸上有瑕疵，“啊，怎么又有黑眼圈了”，然后用遮瑕膏遮瑕的时候，又发现有块黑斑，也赶忙地用遮瑕膏补救。就这样不停地补救来补救去，最后干脆把整张脸都涂得满满当当的。如此一来，看上去仿佛换了一张别人的脸。

每个人的五官是天生的，都带有自己的特征或岁月的沉淀，这些都是自己的个人魅力。

孩子也一样，有时候为了让孩子面对自己的缺点、短板，家长需要给予适当的鼓励或批评。但是没有必要为了让自己孩子赶上“别人家的孩子”，而磨灭了他原有的美好个性。

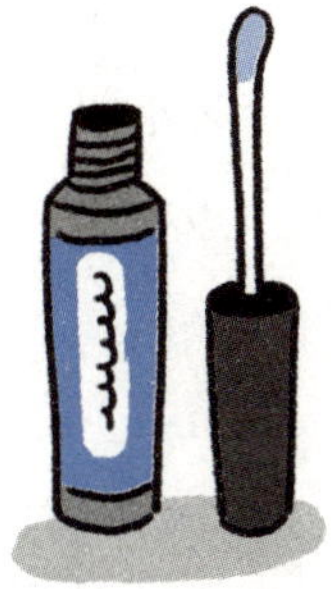

图 3-2　“遮瑕膏法则”

步骤 27 

# 反馈正面信息

说话技巧
— 043 —
基础

以前 **好厉害呀！ / 很棒呀！**

转变

当前 **这个月亮画得好圆呀！**

**提示：**直白地描述注意到的事情。

说到表扬，我们马上就会想到“好厉害呀”“很棒呀”这类套话，但是一般这些话说完之后，也就不会再有进一步夸奖孩子的话了。

而且，等小孩长大之后，这种居高临下的评价很容易令他感到厌烦。

因此，察觉到孩子做得好的地方，直接说出来，向他本人反馈，这是更为简单的做法（把好的地方原原本本说出来就行，不用斟酌太多）。

比如说，孩子扬扬自得地向您展示涂鸦的时候，您可以说“这个月亮画得好圆呀”“颜色很丰富呢”——把作品的优点告诉孩子。或者，告诉他“看你刚才就在很努力地画画了呢”“哇！画好了呀”，向孩子反馈一些正面信息。在孩子青春期之后，对这个方法稍微做些“升级调整”也一样有效。

经常性地向孩子反馈他的行为中的正面因素，有利于孩子更进一步发挥自己的长处。

**说话技巧 — 044 —**

**进阶**

以前　**很棒呀！**

转变

当前　**能主动去做事，妈妈觉得很棒呢！**

**提示：**夸奖孩子的时候，要把原因也说出来。

有些家长多年以来都用同样的套话来夸孩子，如“好棒呀”“挺不错的”之类的。家长养成习惯之后，就会对这些套话产生依赖性。

这种时候，想要让孩子感动，只要连同表扬的原因一同说出来就好了。比如说，“自己主动去打扫，妈妈觉得很棒”“即便不喜欢也能坚持到最后，爸爸觉得很厉害”等，告诉孩子为什么家长会夸奖他，他哪一点值得受到表扬。

这里的窍门是说话以家长为主语，以个人建议、价值观、个人的感受为内容。如此一来，既不会给孩子增加压力，又可以让孩子直观地明白爸爸妈妈的心意。

**图 3-3　夸奖孩子示例**

说话技巧
— 045 —
实践

以前 对啊，好厉害呢！

转变

当前 哇哦！真的好厉害呀！

**提示：**和孩子共情的时候，要“大张旗鼓”。

当孩子对家长说“这个好厉害呀”的时候，家长在回应孩子，和孩子共情时，动作或语言要夸张一些，如“对啊，真的好厉害呀”。

比如，孩子完成了很艰难的任务的时候、孩子发现一件稀有物品的时候、孩子看到美丽风景的时候，或是看表演时，两眼放光的时候，如果孩子发自内心地被感动了的话，家长可以和孩子一起，分享那份“好厉害呀”的惊喜之情，此时双方的喜悦之情也能成倍增长。

## 如果不知道如何表扬孩子，直接询问他本人

当孩子在意周围的气氛时，便会觉得“不喜欢你表扬我时那么夸张”（我家老大的原话）。这种情况下家长可以直接询问孩子：“那爸爸/妈妈该怎么表扬你呀？”孩子一般会反馈他的意见。比如，我家老大喜欢一些简单的短语“OK”“GJ（Good job）”，以及击掌、比大拇指等手势和身体语言。

尤其是青春期的男生，他们不喜欢家长直接夸赞他们，但是端上好吃的食物的时候，他们是不会拒绝的，所以，用热乎乎的肉包子等美食来征服他们的胃吧！

难易度
★★★

## 轻松育儿咨询室

**问：**我读过许多育儿书，有的说要夸孩子，有的说别夸孩子，搞得我有点儿困惑。

**答：**比“夸”还是“不夸”更重要的是，家长能捕获到孩子多少闪光点。

在这个世界上，有人主张表扬式教育，有人主张不表扬式教育，说实话，这真让人搞不清楚究竟哪个好、哪个不好。

我认为，在孩子容易丧失自信的时期里需要好好地表扬他才行，可是如果表扬的话语中有居高临下的态度，可能会起反作用。

作为家长，“可以把成绩单扔掉哦”，这种话是说不出口的。因为孩子出了社会后，时时刻刻都会感到有人对他指指点点，所以需要从小让孩子在一定程度上习惯“被评价”这件事情。不过，也没有必要对孩子的行为一一进行评价，因为过度的评价有可能会演变成过度的控制欲。

说到底，家长主观评价“好”与“不好”的标准也不是绝对正确的（这是我一直说给自己听的话）。所以我认为，比起夸或不夸孩子来说，家长更需要的是培养自己发现孩子闪光点的敏锐性。

毕竟，如果对孩子的行为一一进行好坏、善恶评价，不仅家长精力不足，孩子也可能会不堪重负。亲子之间保持自然融洽的关系最为让人轻松。总之，顺序就是：积极地看待孩子的行为—发现孩子的闪光点—反馈给孩子。

至于如何反馈，则需要结合每个孩子的实际情况来进行斟酌。

步骤 28

# 观察孩子具体的行为

说话技巧
— 046 —
基础

以前 **真是的，这孩子就跟个“问题儿童”一样呢！**

转变

当前 **遇到什么烦心事了吗？**

**提示：**不要给孩子贴标签，要认真观察孩子的行为。

人似乎有一种习性，他们会潜移默化地成长为别人期待的模样。比如，曾经的“达令”在当上爸爸之后，也慢慢变得有些“爸爸范儿”了。刚毕业的师范生在被尊称为“老师”之后，也会慢慢变得有些“老师范儿”起来……

那么，如果一个孩子在家庭中和班集体里都被视为“差生”“问题儿童”，不断接受来自周围人负面的评价，那么这个孩子又会变成什么样呢——“差生”可能会变得更差，“问题儿童”可能会引发更多的问题。

因此，就算孩子现在有明显的缺点和短板，家长也要尽量避免给孩子贴标签。

家长要认真观察孩子的行动：“有什么困惑吗？”“遇到什么烦心事了吗？”了解孩子的困扰和他成长过程中产生的不安全感，从孩子的行为、学习效率、行为模式等角度寻找孩子失败的原因，对症下药。

## 拆分孩子不擅长的事、搞砸的事

观察孩子行为的窍门是拆分孩子不擅长的事，再分析原因。

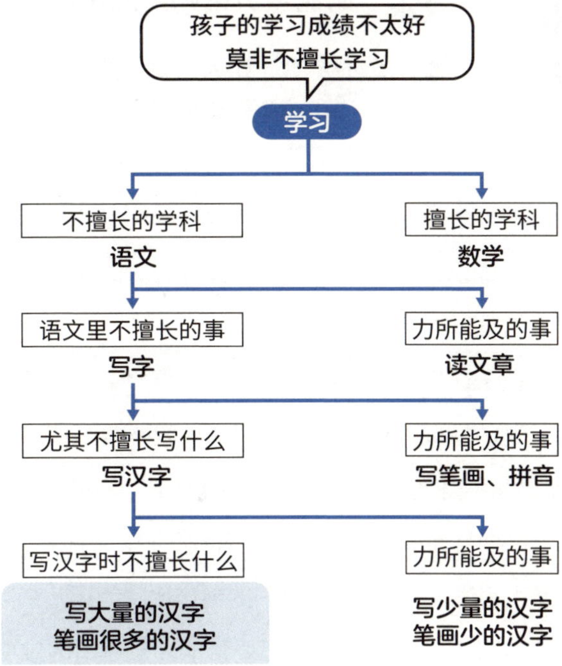


**图 3-4　拆分孩子不擅长的事**

如此一来，家长就知道孩子并非不擅长学习，而是不擅长写汉字。

当明白了孩子不擅长的原因，看待孩子的目光也会变得温和。

还有一点就是，家长也可以分析为什么孩子的数学成绩还不错。

说话技巧
— 047 —

实践

以前 宝贝真是个好孩子 / 优等生。

转变

当前 谢谢宝贝帮妈妈的忙。

**提示：**不要给“让大人省心的孩子”贴上“优等生”的标签。

一方面，有的孩子被贴上了“问题儿童”的标签；另一方面，有的孩子因被家长和老师所信赖而被贴上了“优等生”的标签。优等生通常认真学习、成绩优秀，还懂得察言观色。

当然，表扬孩子这件事本身没有问题。但是如果孩子被周围的人持续贴上“好孩子”的标签，他就会产生“如果我不再是好孩子，就不会得到爱了”“如果我不是优等生，就不会被需要了”等想法，还有可能为了周围的人的过高期待而失去自我或封闭自我。

从某种意义上来说，“优等生”孩子的创伤比“问题儿童”的创伤还要难以察觉，在他努力过头的时候，想要帮他释放压力的难度很高（基于我的经验来看）。

对于让大人省心的孩子，一边要注意别给他贴上优等生的标签，一边要帮他建立自信。家长依然要把注意力放到孩子的具体行为上，比如，说些夸赞的话：“谢谢宝贝帮妈妈的忙。”如果家长能坦率地表达谢意，相信这个“小大人”也会感到高兴的。

还有一件重要的事，“优等生”也会失败，也有短板或缺点，这时候为了不给他贴上标签，必须教导他学会当一个普通人。

## 步骤 29 全面地看待孩子的优缺点

说话技巧 — 048 —

基础

以前　**真是个任性的小孩。**

转变

当前　**任性，也可以说是意志坚定。**

**提示：**试着把缺点转换成优点来看待。

世界上没有满身缺点的孩子，也没有满身优点的孩子。

我认为光盯着孩子的缺点，或只承认孩子的优点，都不利于孩子建立自信。

当孩子失去自信的时候，家长可以稍微忽视一下孩子的缺点，把注意力集中在孩子的优点上，然后稍微夸张一些，将自己注意到的正面信息反馈给孩子。

最理想的状态是，无论最终孩子成功与否，家长都能包容他的一切。

为此，家长不妨先练习一下如何全面地看待孩子的优缺点。缺点的背后必然会有优点，反之则相反。有多少缺点就会有多少优点。

所以，先试着把孩子的缺点转换成优点来看待吧。

只要家长稍微改变下看法，即便是缺点多的孩子，自身也能孕育出无限的可能性。

## “凹凸变换”挑战：短处转换为长处

那么，让我们马上进入“凹凸变换”挑战吧——将孩子的短处（凹）转换成长处（凸）！

①将您认为的孩子的短板或缺点列成表格。（从孩子的视角来看就成了“坏话表”了，因此千万别让孩子看到！）

②然后，看着这份表格，将全部的缺点转换成优点、长处之后，再写出来！

图 3-5　短处转换为长处

这里为写不出来的家长提供一些灵感：

| | | |
|---|---|---|
| 不安分 | ➡ | 行动力强 |
| 注意力不能集中 | ➡ | 好奇心强 |
| 任性 | ➡ | 意志坚定 |
| 敏感 | ➡ | 善于感知 |
| 优柔寡断 | ➡ | 懂得察言观色 |
| 老是半途而废 | ➡ | 勇于尝试 |
| “外星人” | ➡ | 独特 |

上面有些例子可能会给您带来一些灵感，也可能让您觉得有点不合情理。不过，最重要的是，您要努力寻找孩子身上哪怕一丁点儿的优点并给予肯定。

家长用温柔的眼光看待孩子，用温柔的方式养育孩子，他就会朝着美好的未来前进。

说话技巧

— 049 —

实践

以前 **真是的，你注意力怎么老是不能集中呢？**

转变

当前 **好奇心强就是宝贝的优点呀！**

**提示：** 当孩子向好的方面发展时，要及时反馈。

我已经说过很多遍，孩子的优缺点是有其两面性的。根据时间和场合的不同，同一个孩子的同一种行为导致的结果可能有好有坏。

特别是平时总被训斥的孩子，他们做事总容易失败，但当他们偶尔成功的时候，家长一定要及时和孩子反馈，这样慢慢地孩子就能建立起自信了。

另外，家长还可以使用组合技巧——全面看待孩子的优缺点＋观察孩子的行为＋表达自己的感受。

当家长想要提醒孩子他自己有问题的时候可以这么说："××是宝贝的优点，但××地方让爸爸/妈妈觉得××"，将孩子的长处和家长自己的感受一起说出来，这样孩子更容易接受一些。比如说，"温柔是宝贝的优点，但是妈妈很担心你会不会太过于在乎别人的感受了。"

肯定地看待孩子的同时，也不能完全无视孩子的短板或缺点。

因为人被指出了缺点之后就会想办法去改正，所以我认为时不时地指出孩子的缺点也十分重要。

# 步骤30 要比就要让孩子和自己比

说话技巧 — 050 —

基础

以前 × 年级的小朋友都做得到的呀！

转变

当前 宝贝比去年进步了许多呀！

**提示：** 让孩子和自己做比较，让他注意到自己的成长。

每个孩子的成长方式（发育）都是不同的，有的孩子在擅长的事情上“发育”得会比实际年龄早两年，在不擅长的事情上“发育”得会比实际年龄晚两年。各方面平均“发育”的孩子真是太少见了。

所以说，以平均的发育速度为基准进行比较的行为，如“×岁的孩子/×年级的小朋友都做得到的呀”，以及“××都做得好”等，或者将其他孩子的发育速度为基准进行比较，都是不利于孩子成长的行为。

要比就要让孩子和自己比。

先不用管其他同龄孩子怎样，将孩子和一年前的他、两年前的他做比较，如果发现他有所成长，要用语言把他自己难以察觉到的进步和成长反馈给孩子，哪怕只有一点点儿。比如，“比起去年来说，你自行车骑得更得心应手了呢。”“最近，‘九九乘法表’背得更熟了呢。”

就算比其他人多花了些时间，只要孩子能注意到自己正在逐渐进步，就能给他带来更多的自信。

**说话技巧**

**— 051 —**

**实践**

**以前** 唉……（失望）

**转变**

**当前** ××地方在慢慢变好了呢 / 这次很好地控制住自己了呢，没有××。

**提示：**注意观察孩子小小的变化，以及他为控制住自己而做的努力。

孩子的成长就和身高一样，会有高速上升的时期，也会有原地踏步的时期。大部分的孩子，自身成长过程就像乘扶梯般顺顺利利；也有一些孩子，自身成长过程是螺旋式上升；有的孩子自身成长过程直上直下好像乘直梯一般；更有的孩子，成长过程起伏激烈，简直就是过山车式成长。总之，每个孩子的自身成长过程都各具特色。

当孩子在“成长的阶梯上”徘徊不前的时候，尽管身为家长会感到焦躁不安，但请睁大眼睛寻找孩子那些难以察觉的变化或充满生命的萌芽，它们在地底下随时等待破土而出。“××地方在慢慢变好了呢”，用您的话语为这些萌芽洒下阳光以此促进孩子的成长。

另外，有的时候孩子会不断地受挫，自信心受到严重打击，或是事事不顺，陷入焦躁或混乱的境遇中。这时候的孩子，在家长看来正处于一个不进反退的状态，家长很难找到表扬孩子的机会。

这种情况需要关注孩子为控制住自己的消极行为所做的努力，并反馈给他，比如说，本来会生气的地方他没有生气，要对他说“这次很好地控制住自己了，没有发脾气”；本来该大闹的时候他没有大闹，要夸他“这次没有任性胡闹，很棒呀”。

难易度 ★★★

# 轻松育儿咨询室

**问：**我的孩子有潜在的发育障碍，虽然没有到需要接受特殊教育的程度，但孩子在学习的时候自信心经常会受到打击，怎么办？

**答：**对有“发育时差”的孩子，要给他提供暂时的特殊帮助。

那些没有被确诊为发育障碍却有不同程度的发育障碍症状的孩子们，其实只要给他们一点儿时间，发育迟缓的部分也能按照孩子自己的节奏自然而然地迎头赶上（我家女儿就是这样）。

像这样的，虽然只有短短几个月，但某些部分的发育和平均发育之间存在着时间差，我称这种时间差为“发育时差”。

这些有“发育时差”的孩子们，本来只要给他们点儿时间让他们自然成长就可以了，但在以平均发育为基准进行教育的“通常级”中，这样的孩子经常会遭遇失败和挫折。

100岁的老人和101岁的老人之间的差距并不大，但是在孩子的世界中，某些部分短短几个月的“发育时差”，就能让人感觉到很大的差距。

“发育时差”有很大可能在孩子们成长期结束之后自然消失。

但是，在那之前的十几年里，要尽量避免让孩子留下一种“自己很失败”的印象。

不将孩子看作发育障碍患儿，并暂时为他提供特殊帮助，以减轻他的负担，减少“发育时差”带来的影响。

比如说，孩子一二年级的时候，无法流畅阅读平假名的话，家长可以读给孩子听并让孩子跟读。如果孩子不擅长进位加法的话，就让孩子用家长的手指或者弹珠来算……孩子补齐了短板之后，就可以停止暂时的特殊帮助了。

同时，不是要让孩子成为“普通的 × 年级小孩”，而是拿孩子和以前的他做比较，并告诉孩子他克服过的困难、他之前所做的努力、他小小的进步等，这样更有利于激发孩子的干劲，建立自信心。

步骤

# 31 关注过程而不是结果

说话技巧
— 052 —

基础

以前　拿到一百分了呢！

转变

当前　**都是你努力过的结果呀！**

**提示：** 关注孩子不懈的努力和挑战的精神。

如果家长总是注重结果，总对孩子说这样一些话——“拿到一百分了呢”“获奖了呢”“得第一名了呢”等，那么孩子下一次只拿到九十分或只拿到第二名的时候，他就会觉得这成绩对他来说是一种失败。

特别是那些发育过程中优缺点差距较大的孩子，他们在集体教育中往往拿不出好的成绩，也很少能受到老师的表扬。

当然，在比赛或者考试等场合下“结果”就是一切。不过，在家庭生活中，家长应该更加注重孩子努力的“过程”，这样才能培养孩子的抗挫折能力。

诀窍就是关注孩子不懈的努力和挑战的精神。

当孩子取得好的结果的时候，对孩子说“都是宝贝努力过的结果呀”“宝贝为了备考真的很努力了呢”。当结果并不喜人的时候，对孩子说“你的努力都会化作实力”“能够迎难而上已经相当了不起了”等，帮助孩子重拾信心，继续奋斗、挑战，让孩子多感受成功的感觉。

说话技巧
— 053 —

实践

以前　**我早就和你说过了吧！**

转变

当前　**宝贝坚持到最后了呢！**

**提示：像淘金一般寻找孩子“努力过的碎片”。**

如果孩子没做出多大的努力，不出意料，结果也会糟糕，这时候家长该怎么办呢?

千万别抱怨说：“我早就和你说过了吧。”要像在淘金一样，就算孩子只考了五分，也要找到他做得好的部分或是“努力过的碎片”，然后把“他努力过”这件事实告诉他。这样，或许可以防止孩子继续退步。

另外，这时候孩子的自信心和干劲都会受到很大的打击，因此家长要告诉自己：“没关系，有的事情就是无可奈何的”，暂时接受孩子没办法进一步努力下去的情况。

考试本来的目的是给孩子查缺补漏，让孩子知道自己什么地方懂了，什么地方没懂。

另外，考试还能用于检查或分析孩子易错点在哪里、数量有多少，确定孩子是否有阅读或写作方面的障碍，考验孩子能否在规定时间内完成试卷等，考试可以搞清楚孩子发育的特点、处理能力、学习能力怎么样。考试可以用于记录孩子的成长，还能作为家长向专家咨询时重要的资料和证据，意义重大。

步骤 32

# 着眼于孩子的想象力和创新力

说话技巧
— 054 —
基础

以前　嗯，嗯！

转变

当前　**只有宝贝能想到这样的事情呀！**

**提示：**虽然不值得表扬，但那或许是个优点。

“妈妈！快看快看！”孩子有时还会一脸得意地让家长欣赏他的“杰作”，有时候这份“杰作”可一点儿都不值得表扬（比如，在狗的厕所里放上糖果什么的）。

但是，对于爱调皮捣蛋的孩子来说，比起做好事被大人夸奖，他们更喜欢的是吓唬别人或逗别人开心，对他们来说那是最好的奖赏。

虽然这也算是一项才能，但如果给予表扬或者冷处理的话，反而可能会让孩子的恶作剧进一步升级。

这时候，家长可以关注孩子的想象力与创新力，“只有宝贝能想到这样的事情呀”“妈妈长这么大，第一次见到这样的事呢”“嗯，真有想象力呀”。

虽然家长也要防止孩子的恶作剧给周围人带来很大麻烦，防止孩子跨越底线等，但是这类孩子的独特的创新力、丰富的想象力、旺盛的服务精神等，完全可以将之视为优点给予表扬。

说话技巧
— 055 —
进阶

以前 **为什么要做这种事情！**

转变

当前 **嗯，真的弄得一团糟呢！**

**提示：**直白地描述孩子让人无语的恶作剧。

有一些孩子的恶作剧，说不上是想象力丰富，但却挺让家长无语的，他们还会摆出一副扬扬自得的样子，期待着来自家长的反应。

比如说，把饭粒弄得满脸都是；把沾满番茄酱的手到处抹；有些孩子喜欢把自己弄脏，喜欢看家长嫌弃他们的表情……

对于这种完全没必要表扬，甚至还有点儿让人无语的事，家长可以摆出一副嫌弃的表情，直白地描述出孩子恶作剧的场面，“嗯，真的弄得一团糟呢”“嗯，真的是乱七八糟呢”，如此一来也能满足孩子的心理需求。然后，家长再把扫帚、簸箕、湿巾等递给孩子，“交给你喽”。

在餐桌附近备好扫帚和簸箕、把印着打扫步骤的贴纸贴在墙上……如此一来孩子也会慢慢学会如何自己善后。

其实这样胡来式的玩耍，虽然不值得被表扬，但对于培养孩子感知力来说相当重要。

如果孩子没有越界，大可宽恕他的行为。

步骤 33

# 和孩子说话不要先入为主

说话技巧
— 056 —
基础

以前　**反正你也不会去做。**
**你果然不行。**

转变

当前　**嗯？怎么啦？**

**提示：**把“反正”“果然”清出自己的字典。

有时候家长和孩子说了好多遍要怎么做才是对的，可孩子听不进去，就算听进去了也做不好。这种时候，家长总会感到疲惫，渐渐地就会说一些想要放弃的话，如“反正……”“果然……”什么的。

但是，如果这时候就给孩子下定义，孩子可能就会将自己代入“差生”的身份。

想要改变自己的固定观念，首先要从改变自己的语言开始。

这种情况下，家长可以先把自己的推测放到一边，想象自己是在照顾一个未曾谋面的小孩子，想象自己对他一无所知，从头和孩子开始相处。

“嗯，怎么啦？”“嗯？遇到困难了吗？”家长可以向孩子询问做不好、做不到的原因，这样一来可能会有意外发现——孩子在哪里遇到了困难、在哪个地方有压力。如果家长能重置自己的态度，就能发现孩子为什么做不到或做不好的原因。

说话技巧

— 057 —

进阶

以前 您家孩子真厉害呀，看看我家孩子就……

转变

当前 ××（孩子的名字）喜欢做××事呢！

**提示：**在孩子面前，谦虚要有度。

可怕的是，在妈妈们闲谈聊天或者煲“电话粥”的时候，孩子会有意无意地听到一些无法理解的话。

一些印象深刻的话，孩子会一直记在脑子里，等他长大后自然而然就会明白是什么意思了。

有些日本人会在孩子面前表扬别人家的孩子，“我家孩子还不会干××事呢”，一不小心就贬低了自家孩子。另外，还有一些家长觉得有趣但孩子本人却感觉难为情的事情，“我家孩子都×年级了，还爱撒娇得不行”什么的，最好也不要说。“祸”从口出呀。

适度的谦虚是一种美德，但和别人聊天的时候，千万不要在孩子面前赤裸裸地贬低他。

另外，能坦率地欣赏对方的长处是非常棒的，但在孩子面前，孩子可能会把自己和别人比较，比不过反而会感到失落。因此，表扬别人家孩子的时候，可以把重点放在那个孩子的特点和感情上，“×××（别人家孩子的名字）很喜欢弹钢琴呢”“×××（别人家孩子的名字）很喜欢踢足球呀”，不要扯上自己的孩子即可。

难易度 ★★★

## 轻松育儿咨询室

**问：** 告诉老师我家孩子患有发育障碍之后，我总感觉老师像是戴着有色眼镜看待我家孩子，甚至觉得我家孩子是差生，怎么办？

**答：** 确保还有能将孩子视为“优等生”的容身之所。

如果孩子的发育障碍已经严重到单凭家长的努力也无法改善的地步，最好告诉校方孩子的真实情况。如此一来，更容易让孩子得到合适的援助和关怀，还能提前避免孩子陷入恐慌及惹上麻烦，同时减少在学校遭受失败或被训斥的可能性，让孩子能按照自己的节奏慢慢地成长。

但是，对于一些喜欢先入为主的老师，告诉他真实情况之后，孩子反而会被视为差生，甚至连家长都被贴上“怪物家长”的标签。

如果家长对向老师坦白真实情况这件事有所顾虑，可以事前咨询学校的心理咨询室，抑或在和老师面谈前邀请特殊教育指导师一起参加。这之后，如果孩子还被贴上“差生”的标签，家长就要确保除了学校之外还有能将孩子视为“优等生”的容身之所。

可以送孩子去和他的爱好、特长相关的俱乐部等地方，让他凭借实力被认同。也可以送孩子去对特殊教育得心应手的专业爱心机构，让他积累成功经验。这些都是孩子能获得自信的源泉。

不要让某个老师的价值观成为孩子的一切，而要全方位地拓宽孩子的世界，这也是一种处世之道。

步骤 34

# 间接表扬

说话技巧 — 058 —

进阶

以前：**坐好！我从老师那听说了一大堆你干的“好事”呢！**

转变

当前：**老师说你最近在努力做 ×× 事呢！**

**提示：**借他人之口传达正面信息。

在学期末和老师的面谈中，家长从老师嘴里听到自家孩子这也不好那也不好的反馈后，仿佛收到催命符一般，曾经的我，回家后开口的第一句话就是：“喂！在椅子上给我坐好！”然后开始冗长的说教。

但是，仔细回想老师的话，多多少少也是有正面信息掺杂其中的。

特别是那些很少被别人表扬的孩子，帮助他们建立自信的机会真是太珍贵了，因此请好好地利用别人告诉您的关于孩子的正面信息，如“老师在面谈的时候说最近你对值日什么的很上心呀”“对门的婆婆说很高兴上次你和她打招呼呢”，可以频繁地用间接表扬来给孩子反馈正面信息。

当没有听到关于孩子的正面信息的时候，可以推测第三者的心情然后传达给孩子——“这不是帮了老师大忙了吗”“婆婆应该很开心吧”等。

间接表扬对于那些羞于被家长当面表扬的孩子来说也是可以接受的，被他人认同有助于他们建立自信心。

说话技巧
— 059 —

实践

以前　**喂，孩子他爸也要管管他啊。**

转变

当前　**老公，今天老师说最近孩子对 ×× 非常上心呢。**

**提示：和家庭成员共享孩子的正面信息。**

从他人嘴里听来的正面信息，也可以若无其事地告诉其他家庭成员。可以向孩子他爸反馈孩子的正面信息，如“最近，听说孩子在努力干 × × 呢？”就算孩子他爸没有说什么，也可以改变他看待孩子的目光。

当然，不光是从别人那儿听来的，还可以将自己观察到的孩子的优点、爱好、兴趣等正面信息，如“昨天，孩子一个人骑自行车骑到了哪哪哪了呢”“最近她喜欢用乐高拼 × ×”等，在日常生活中多多共享给家庭成员或身边的人们。

如果家庭成员都很忙的话，为了有效率地共享孩子的正面信息，可以在走廊的软木板上挂上家庭公告板，或是在各种社交软件的家族群里发送孩子的照片……用数字、数码的方式进行共享也是可以的！

珍贵的正面信息，如果由家人或身边人反馈给孩子，有利于营造温馨的氛围，让孩子在温暖的目光注视下成长。

步骤 35

# 肯定孩子的现在

说话技巧
— 060 —
基础

以前　**毕竟那么努力了呢！**

转变

当前　**你一直在努力呀！**

**提示：**关注“现在进行时的他”。

语言很奇妙，有时候会因为一两个字的不同而意思截然不同。

孩子明明已经非常努力了，能做的事情都做到了，却没有任何的成果，这时候，或是他努力过度的时候，一句“毕竟那么努力了呢”，反而会成为孩子多余的负担和压力（根据每个孩子的不同有所区别），但它本是鼓励人的话。

当想要坦率地表示对孩子的鼓励的时候，可以说“你一直在努力呀”，简单地改变下时态，肯定孩子当下的努力。

为人家长肯定希望孩子未来在各方面都出众，但人都是活在当下的，因此我认为首先要肯定现在的孩子才行。

着眼“现在”，将说话的时态改成“现在进行时”，包容“现在进行时的他”，有利于孩子明白家长的心意。

说话技巧

— 061 —

实践

以前 **为什么就是做不到？**

转变

当前 **现在先这样吧。**

**提示：**对于孩子怎么都做不到的事情，在心中默念：现在先这样吧。

为人家长总是容易纠结孩子做不到的事情。

家长总是担心自己的孩子会不会因为 ×× 事情做不好就在学校受欺负或是留下什么祸根，所以总是情不自禁地想要多唠叨两句。我也一样，在一旁看着自己笨手笨脚的孩子，会着急和担心。

但是每个孩子都是按照自己的节奏，走过一个一个发育阶段慢慢成长起来的。因此就算家长要求孩子去做下一个阶段的事情，孩子也是心有余而力不足。

毕竟现在这个孩子还没到“那个时候”。

就像学会乘法之前要理解加法一样，孩子能做到的各种事情的时机也是有先后之分的。

所以，如果家长觉得孩子明明很努力了却还是做不好的时候，可以在心中默念“（现在）先这样吧”“（现在）能做到这样就足够了”“（现在做不到）没关系的”，强调“现在”这个时间点，包容孩子。只要给孩子一些时间，孩子就会按照家长的节奏茁壮成长。

# 第4章 让孩子听得进去的说话技巧

当家长能够简单易懂地表达爱意、关注孩子的优点、肯定地包容孩子时，孩子不论做得是好是坏，都能有一种被爱着的真实感受，都会懂得自尊自爱，都能获得自我肯定感。因为获得毫无根据的自信=自我肯定感。

这样的自我肯定感很重要，但是另一方面，有必要让孩子不断体验成功。获得有根据的自信=自我效能感，即“实力=执行力”。

家长如果学会让孩子听得进去的说话技巧，便能稍微提高孩子的做事效率，一点点地增加孩子成功的概率。

# 步骤 36 告诉孩子什么能做

说话技巧
— 062 —
基础

以前 **别那样！**

转变

当前 **可以这样哦！**

**提示：告诉孩子什么能做，而非什么不能做。**

如果家长总是在说什么不能做，如“别在人行道上跑”“不许偷朋友的东西”，可能会让一些年幼的孩子感到困惑：这不行那不行，我到底可以做什么呢？

这时候，家长只要告诉孩子具体的行动或者该说的话（这些属于可以做的事情），就可以放手了。比如，“走在人行横道和走廊上的时候应该靠内侧行走”“借朋友的球之前要先问别人能不能借给自己”。

这样一来，孩子就明白什么行为是对的。这样的说话方式也更容易让孩子接受。

特别是对于一些不善于观察四周、自然学习的孩子来说，家长如果能即时告诉他具体什么能做，孩子的能力就能慢慢提高。

总之，希望最终孩子能够做到不用家长说就懂得主动去做事。但是在那之前，家长需要帮助孩子不断积累经验，直到孩子养成习惯。

**表 4-1　说话技巧转换表——可以做什么**

| 以前 | 当前 |
| --- | --- |
| 你为什么要这么干？ | 这种时候，你要…… |
| 真是的，你在干什么？ | 这里要…… |
| 东西不要随便乱放！ | 用过的东西要放回这个箱子里。 |

## 比起刨根问底不如教孩子如何解决问题

当孩子做出大人不能理解的行为的时候，家长恨不得钻进孩子的脑袋里看看孩子为什么要做这样的蠢事，但是不如先告诉孩子如何解决问题（从家长的角度思考问题）。

如果家长能通过实例等，告诉孩子做事情的诀窍，具体地教孩子该怎么做，孩子做起事来也会更容易。

另外，虽然对于孩子过分的行为需要即时制止，但是如果家长在日常生活中过多地说了些“不许……”“别……”之类的话，孩子就会陷入混乱不知如何是好，或是畏首畏尾变得消极。

此时，家长需要有意识地把注意力放在告诉孩子“什么可以做”这件事上。

说话技巧
— 063 —

**实践**

以前 **这样做！ / 那样做！**

转变

当前 **这时候该怎么做呢？**

**提示：**等孩子积累经验之后尝试放手。

告诉孩子具体什么能做，等孩子积累了充足的经验，养成习惯之后，就可以迈向“实践”的阶段了（对于那些擅长观察四周、自然学习的孩子来说，直接从这个阶段开始也可以）。

这时候重要的是调整说话方式，引导孩子独立思考，唤醒孩子之前的记忆，“（这时候）该做什么呢？”“该怎么做比较好呢？”慢慢地放手，最终让孩子达到不需要家长帮助的境界。

这个尝试放手的过程和在这之后的说话技巧是共通的，请家长记在心头。

观察孩子的时候，如果觉得孩子大体懂得了，感觉孩子似乎明白该如何做的时候，家长就要开始慢慢放手了。

如此一来，家长要做的事情会一件件减少，会慢慢变得轻松起来。

步骤

# 37 等孩子回过神来再说话

说话技巧 — 064 —

基础

以前 小明！小明！小明……

转变

当前 （靠近孩子之后）小……明。

**提示：**等孩子回过神来再说话，刺激孩子的感官。

当孩子被什么事情吸引而出神或发呆的时候，家长就算在厨房或者楼梯大声呼喊他也没用，反而白白浪费精力。

这时候家长应该走到孩子身旁，等孩子回过神来，再呼唤他的名字就可以了（虽然有点麻烦）。

不过，有的孩子沉迷在自己的世界里的时候，只是靠近他，他是不会发觉的。这时候的诀窍就和催眠师解开催眠的时候一样，只要同时刺激孩子的听觉和其他感官，就能让孩子清醒过来。

比如说，用手指戳一戳孩子头发的旋涡或肩膀，走到孩子面前进入他的视野内挥挥手，在孩子眼睛前面打个响指，敲一敲桌子什么的，或者拿个热热的肉包子给孩子……

对不同的孩子，刺激他感官的方法也不同，因此请各位家长多多实践，寻找最适合自己家孩子的方法。

说话技巧
— 065 —

**实践**

以前 **嗯（清嗓子）！你在听吗？**

转变

当前 **喂……**

**提示：一句“喂”，先吸引孩子的注意，再和他说话。**

当妈妈终于要说完重要的事情的时候，却发现孩子根本没在听。唉，那种油然而生的徒劳感啊！

这种时候更省事的方式是说一句“喂”，先吸引孩子的注意，再回到正题。但是要记住，重要的事情要长话短说！

**育儿法则**

## 搞笑艺人吸引注意力法则

搞笑艺人在登台的时候，会一边说“大家好，大家好，大家好”，一边做出鼓掌等夸张的动作，对吧？有时候他们还会穿着奇装异服，甩一个包袱什么的。他们真的非常重视登台的效果。

这也是为了把观众的注意力从上一个表演中拉回来，让观众的目光全都集中在自己的身上，以便尽快进入表演。

各位家长自然不必去想如何逗孩子笑，不过建议多多思考如何吸引孩子的注意力哦。

# 步骤 38 指示要一个一个来

说话技巧 —066—

基础

以前
刷完牙去上厕所然后换衣服。七点半之前得出门。另外，今天好像会下雨记得带伞。喂喂喂，脸上沾上番茄酱啦！

转变

当前
刷牙完上厕所，再做其他事情。

**提示：**心急吃不了热豆腐，给孩子些时间。

这些是众多家庭中经常上演的情景剧吧。

本就没有时间的家长看着着急忙慌的孩子，容易感到焦急，情不自禁就会说出一连串“指令”要孩子快点收拾好出门。

但是，年幼的孩子和好奇心强、注意力分散的孩子的短时记忆或者“运行内存”的容量还很小，无法一次性完成多项指示，也来不及完成对应的指示。

这种时候，应该让孩子做完一件事情再做下一件。家长应该用清晰的声音不慌不忙地向孩子发出指示，孩子就能一个一个地完成。

如果家长很着急的话，会让孩子陷入混乱，出门收拾的速度可能会变得更慢。心急吃不了热豆腐，稍微给孩子一点儿时间，从结果上来看反而是条捷径。

## 减少早晨出门准备时间的办法

话虽如此，但每天早上一个一个发出指令是需要耐性的，而且总会碰上非常紧迫、不得不急的时候，或是孩子拖拖拉拉成习惯的时候。这种时候，可以试试如下的方法。

- 在白板上贴上双面磁力贴，正面写上早上出门准备事项的顺序，孩子完成一件事后就把它翻面（背面可以是小花、圆圈等）。
- 用插图或照片来描绘出门准备事项的步骤，然后标上序号制成一览表贴在墙上。
- 使用手机的备忘录或闹钟功能，提前输入出门准备事项的步骤或语音笔记。

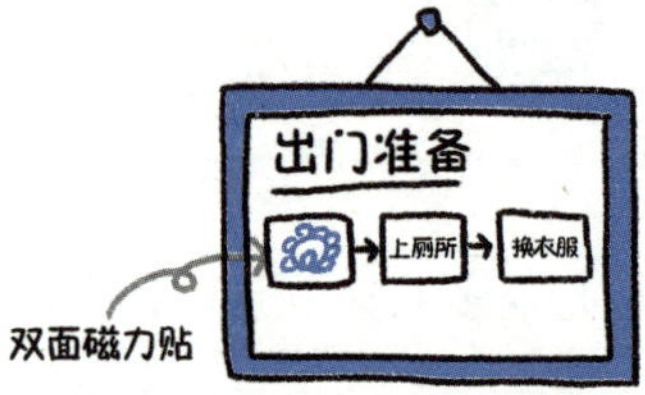


图 4-1　早上出门准备事项的顺序

如此一来，家长也能整理思绪。但是，如果说话技巧或者这些办法都没有效果的话，有可能是孩子有什么不想去学校的难言之隐，或者是得了什么表面看不见的疾病。这种时候，优先照顾孩子的身体和心情更为重要。

另外，如果孩子由于在学校没有听懂老师复杂的指令，导致学业落后的话，家长可以单独和老师说一声，告诉老师孩子没办法一次性记住大量的指令，麻烦老师在黑板上写出要孩子干的事，或者请老师单独写一张备忘录交给孩子等。进行具体的说明，礼貌地请求老师。

如此一来，也能极大地减轻孩子的负担。

说话技巧
— 067 —
实践

以前　刷牙—上厕所—其他事情。

转变

当前　刷完牙之后要干吗来着？照下镜子可以吗？看下时钟，来得及吗？

**提示：**等孩子习惯步骤之后，说话技巧转为提醒或确认。

在孩子习惯早上出门准备事项的步骤之前，家长可以一个一个地给孩子下指令。但是家长也希望孩子有一天可以做到自己注意时间，自己完成准备。

因此，在孩子习惯出门准备事项的步骤，脑子里已经知道出门前该做些什么的时候，家长可以稍微加入些提醒或确认的句子，引导孩子，直到孩子不需要提醒也能迅速地完成出门准备为止。

家长的说话方式要偏向提醒和确认。比如“下面该做什么呢？”“这时候该怎么办来着？”提醒孩子接下来的行动。另外，“这样可以吗？”“来得及吗？”……让孩子确定时间等。

在这时候，“照照镜子”“看看时间”等可将孩子的视线诱导到具体的、可以自己进行确认的东西上，有利于孩子更快地收拾完。

## 步骤39 将模糊转变为具体

说话技巧
— 068 —
基础

以前 稍等一下。

转变

当前 等我 × 分钟。

**提示:** 将模糊的词句转变为具体的词句。

实际上，“稍等”“马上”等模糊、不准确的词，对于年幼或认真严谨的孩子来说，是难以理解的。

这种时候，可以在句子中加入数字、事例、动作等，使其化为超具体的描述，然后告诉孩子，“再等 × 分钟”“妈妈洗完碗就来”，这样更便于孩子理解。

虽然这样做有些麻烦（苦笑），但确实值得家长学习。

另外，有些孩子面对“好好地”“踏踏实实地”等无形的词句也束手无策，难以理解。

在孩子养成习惯之前，“好好地”“踏踏实实地”代表的是该做什么事以及做到什么程度，有了这样的描述，家长可以告诉孩子具体的行动。如此一来，有助于孩子理解这些词句的内涵。

**表 4-2　将模糊的词句转变为具体的词句**

| 以前 | 当前 |
| --- | --- |
| 差不多就行。 | 做到 80% 就好啦！ |
| 别弓着身体。 | 背挺起来，面向前方！ |
| 好好排队。 | 站在这条线的内侧。 |
| 去打扫厨房。 | （用手指着）从这儿到那儿的垃圾全部收拾掉。 |
| 好好干。 | 再确认一遍现在要做的事。 |
| 随便做一做就行。 | 感觉累了就休息。 |
| 就在附近等着。 | 在这个钟楼下面等着哦！ |

## 提供实物、实例的办法

不光是语言，家长也要想方设法将模糊的指令可视化，使之变得简单易懂。可以参照以下例子。

●在作业本上画线、在公园游乐设施的地板上画线或圆圈……

⇒用线条来表示范围，“从这儿到那儿”。

●用手指倒计时、定闹钟提醒结束时间、给号码牌、为作业的每一页贴一张便签……

⇒将剩余的次数、数字、量等可视化。

●亲自（家长、兄弟姐妹、朋友等）上阵示范、提供可供参考的照片、插画、视频……

⇒“所谓‘好好地’就是这样子”，让孩子形成印象。

另外，有的孩子会在等待时间或者休息时间，被告知可以自由行动了，但由于没有具体的指令，他反而感到困惑，不知如何是好。

对于这样的孩子或者不喜欢等待的孩子，家长可以给他游戏机、漫画书、电视遥控器等，告诉他边打游戏/看漫画/看电视，边等家长就行，这时教孩子具体的等待方法会来得更亲切。对于那些在下课时间不知道该干什么的孩子，可以让他们带上自己喜欢的书或手账，告诉他们上完厕所后在座位上读书就可以。教会孩子具体可以做什么，家长也能放心。

大人也是一样的。在美容院排队的座位旁放上杂志，谈工作之前在等待室等待时会有好吃的茶点等做法，都能让人静心地等待。

**说话技巧**
**— 069 —**
**实践**

以前 **加一大勺酱油。**

转变

当前 **稍微加点儿酱油——对，对，这就是“稍微”。**

**提示：**让孩子慢慢习惯模糊的语言。

话虽如此，世上并非所有人说话都能如此恳切、具体。

因此，当孩子大量接触“稍微”“大概”这样的词语之后，家长就可以大胆地让孩子接触以前的语言（模糊的语言）了。

比如说，和孩子一起做饭的时候，向孩子发出指示，“稍微加点酱油”“稍微控制下火候”等。

如果孩子做到了就反馈给他，“没错，这就是‘稍微’”“对，这差不多就是‘大概’的量”等。

如果小孩没控制好量，就对他说“嗯……这可能‘稍微’有点咸了，再‘稍微’加点水吧”等，一边和孩子尝味道，一边做微调。

将模糊的内涵和孩子进行共享，一来二去有助于孩子理解这些模糊的语言，到时候即便家长没有说得那么具体，孩子也能明白。

## 步骤 40 询问孩子的情况

说话技巧
— 070 —
基础

以前 **给我适可而止。**

转变

当前 **还有几分钟能结束→终于结束了呢。**

**提示：**当孩子出神的时候，进入孩子的世界和他对话。

当孩子专注于游戏，不好好完成作业、吃饭等任务的时候，家长多少都会感到生气（我到现在嘴里还会经常蹦出“给我适可而止”这句话）。

虽然拥有很强的专注力是个优点，但孩子要是只做自己喜欢的事，这个家也运转不起来！

不过，如果家长怒不可遏地拔掉游戏机的电源强制关机，孩子好不容易获得的关键道具就会毁于一旦，这件事估计会留下祸根。小孩子也有小孩子的突发情况吧。

这种时候，家长应该进入孩子的世界，询问孩子的突发情况，这样一来孩子也就老老实实地放下手中的事情了。

比如说，“还有几分钟这局比赛能结束呀？”“到存档点还要多久？”“拿到这个道具之后能结束吗？”，等等，都适合在适当的时间询问孩子的情况。

如果孩子说“再有五分钟就能存档了”之后还能在自己定下的时间内（稍微超时也无碍）结束游戏的话，家长应该反馈给孩子说“终于结束了呢”。

说话技巧
— 071 —
进阶

以前 **真是的，作业要拖到什么时候啊？**

转变

当前 **作业打算几点做来着？**

**提示：**对于拖拉的孩子，对他们履行承诺的行为即时反馈。

当孩子拖拖拉拉，迟迟不肯动手做事的时候，家长很容易因不耐烦而发脾气：“真是的，作业要做到什么时候呢？”大多时候，孩子反而会顶嘴道：“明明我刚想开始的！都怪老妈，现在又没有干劲了。”

如果孩子有惊人的执行力就好了。

对于有拖延症的孩子，家长首先要问他“打算几点开始”，以确认本人的意愿和情况。如果孩子说“吃完晚饭七点开始吧”这类话，就算孩子极不情愿，也算是许下了承诺。

这时候家长没必要再说“好，七点开始是吧？要我定个闹钟提醒你吗”这类话，而要鼓励孩子言出必行。

等孩子开始写作业的时候，家长可以不失时机地向孩子反馈他履行承诺这件事，“按时开始了呀，真棒”，这有助于孩子改正拖延的习惯。

步骤

# 41 示范给孩子看

说话技巧

— 072 —

基础

以前 **吵死了！**

转变

当前 **把声音控制在这个大小可以吗？**

**提示：**想要孩子做什么的时候，示范给他看。

家长想要孩子做什么的时候，可以具体示范给他看，非常有助于孩子理解和模仿。

比如说，孩子在吵闹的时候，虽然家长很想说“吵死了”，但对于那些年幼的或理解能力一般的孩子来说，他们并不能明白那是让他们控制音量的意思（特别是当家长喊得比孩子还大声的时候）。

这种时候，家长可以示范给孩子刚刚好的音量大小，如果孩子能控制好音量了就反馈给他：“对，这个音量就可以啦。”

一来二去，孩子也能逐渐掌握适合的音量是多少了（等孩子经历多了，也就能理解“吵死了”的内涵）。

虽然想让孩子干什么的时候，需要耐心地在他面前重复示范，这非常累人，但是这毕竟有助于孩子的成长。

## 将音量可视化的方法

除了家长亲身示范之外，如果有其他方法可以提醒孩子注意音量大小就更好了。比如说，“现在把声量控制在电视音量数字3左右哦”等，这样就能运用身边的实例告诉孩子具体音量的大小。另外还有这样的方法……

- 将音量大小配上可视化的简笔画，然后分层制成表格。
- 注意结合各种肢体语言，比如，闭上一只眼睛然后食指放在嘴前面比“嘘”；一边看着孩子一边将大拇指和食指慢慢闭合；手掌朝下，双手慢慢放下；用手在嘴上比一个拉拉链的动作……

**表 4-3 现在的音量可以吗?**

| | |
|---|---|
| **数字 5 最大**<br>大型会议或大型演唱会的时候 |  |
| **数字 4 较大**<br>想让大家注意听或发言的时候 |  |
| **数字 3 普通**<br>聊天的时候 |  |
| **数字 2 小**<br>说秘密的时候 |  |
| **数字 1 静音**<br>听别人说话或睡觉的时候 |  |

实际上，控制声音就像是控制情绪。我想，就算是苦行僧也很难随心所欲地控制自己的情绪吧。但是控制音量相对简单，稍加了解后，不论是大人还是小孩都能做到。

说话技巧
— 073 —
实践

以前 冷静下来！

转变

当前 慢慢吸气、呼气！

**提示：** 想让孩子冷静下来之前，家长要先冷静一下。

越是易怒的孩子，就越需要掌握控制音量的方法。

当孩子在公共场合等地方，由于情绪波动大哭大闹的时候，周围人的目光真的很伤人，但家长也只能在心中哀求孩子快点儿安静下来，这种时候也不能说是家长不懂如何让孩子平静下来吧。

这时候，家长要引导孩子，同时和孩子一起调整呼吸，“慢慢呼气、吸气”。然后让孩子慢慢地告诉自己发生了什么，再冷静地告诉孩子该怎么做。

家长容易受到孩子的情绪影响，如果孩子哭的时候您感到一阵心慌的话，请先做一次深呼吸。

没关系的。您冷静下来之后，孩子也总会冷静下来的。

另外，孩子容易受惊或老是陷入恐慌，可能是因为感官过度敏感等造成的。

这时候家长应该咨询医生的意见，提前做好准备，避免孩子受到特定的声音、味道、颜色、人、场所等刺激。家长还可以使用口罩、耳罩、浅色眼镜等物品来保护孩子，帮助孩子缓解过敏的症状。

## 步骤 42 教孩子怎么做更快

说话技巧 —074—

基础

以前 **还在磨磨蹭蹭什么呢！**

转变

当前 **先把东西放下来，用双手穿鞋。**

**提示：** 教孩子一点儿生活窍门，他就能快很多。

当家长看到孩子上学或上幼儿园快迟到了却还在门口磨磨蹭蹭，总是忍不住想催他，但催孩子容易让他变得慌张，反而起到了反作用。

这种时候家长应该冷静下来，仔细观察孩子的行动，想必可以发现让孩子加快速度的秘诀。

仔细看，您的孩子在穿鞋的时候，是不是一手拿着体操袋子，一手拿着书法用品呢？很简单，只要两只手腾出来，孩子出门的速度就能快很多。当孩子单腿保持不住平衡导致穿鞋很慢时，家长可以对他说“坐下再穿，没关系”。

只要稍微教孩子一点儿窍门，孩子就能快很多。不过，孩子有时候学会了就忘，到时候家长再提醒他一下也是正常的。

另外，一边看电视或视频一边做出门准备肯定很慢，所以需要让孩子养成好习惯，比如，“准备好之前，不许看手机和电视”，等等。

| 说话技巧 — 075 — 进阶 | |
| --- | --- |
| 以前 | 喂！汤洒出来啦！ |
| 转变 | |
| 当前 | 把碗凑近点就不容易洒出来了。 |
| | **提示：**教孩子具体怎么做，耐心一点儿。 |

有时候，孩子好不容易来帮忙做一次饭，但搞得乱七八糟，还有各种危险操作……

这和出门准备一样，只要教孩子具体怎么做就行了。如果孩子盛汤的时候会洒出来，家长就和他说“把碗凑近点就不容易洒出来了哦”；如果孩子往锅里投入食材，搞得热水四溅，就和他说“把食材离热水近一些再慢慢放手哦”（也可以先把火关掉），等等。

## 为孩子准备工具和作业环境的方法

孩子总是做不好的时候，家长可以根据尺寸、孩子的力气大小，准备适合孩子的工具和作业环境。比如说，做饭的场合。

- 放个垫脚台/把东西放在低处/确保安全。
- 准备适合孩子使用尺寸的儿童刀具。
- 准备合适重量和尺寸的煎锅。
- 在砧板下面铺上湿毛巾，防止打滑。

说话技巧
— 076 —

实践

以前 这种时候这么做就行哦！

转变

当前 妈妈在这里看着哦！

**提示：** 等孩子掌握窍门之后，家长可以慢慢放手，在旁守护。

不论什么事，等孩子掌握了窍门之后，建议家长慢慢放手，在一旁看着孩子就行了。

如果孩子看起来有些不安，家长可以给孩子使眼色或者朝他点点头，激发他的勇气哦！在孩子能独自解决问题之前，家长在旁守护，有助于孩子一步步走向自立。

## 育儿法则

### 幕后的“黑子”法则

“黑子”是指戏剧等舞台演出的幕后工作人员，也称为提词人，主要职责是在台上给演员提醒台词，并尽量低调地替换台上的道具，是舞台演出必不可少的功臣。

我认为家长就和“黑子”一样，在幕后帮助主人公——孩子成功完成了许多事情。就算有的孩子笨手笨脚的，但只要家长在孩子背后默默地支持他，教他做事的窍门，如如何扣扣子、系蝴蝶结、使用圆规等，孩子都能做得很好。

步骤
# 43 等孩子

说话技巧
— 077 —
基础

以前 **快点儿！**

转变

当前 **慢慢来！**

**提示：** 让孩子冷静下来，孩子才能加速。如果家长感到焦急，可以转头不看。

对于急性子的家长来说，没有什么事比等待磨蹭的孩子更难。更何况是在家长都没有时间的情况下呢。

但是对于那些不能得心应手处理事情的孩子和容易分神的孩子来说，多余的压力反而会降低他们大脑的信息处理速度呢。

这种时候，家长要有意识地出声让孩子冷静下来，“慢慢来”“爸爸妈妈会等你的”“没关系”。

等孩子冷静下来，做事速度反而会更快，而且日常生活中应该没有多少事，会因为迟到几分钟而出现大问题的吧。

如果都这样了，孩子还是磨磨蹭蹭的，家长看到这一幕不免感到焦急和烦躁的话，转头不看也是个好方法。

告诉孩子让他搞定了叫您，然后您可以去叠一叠洗过的衣服或做些别的事情，用干活来消磨时间就最好了。

## 节约时间的方法

在忙碌的早晨，要想方设法省下等待孩子的一两分钟。建议如下：

- 提前一天晚上准备好孩子的衣服和需要的东西。
- 早饭要简单些。
- 在门口放上出行必备的帽子、外套、手帕、伞……

说话技巧
— 078 —
进阶

以前　**就剩下 × 分钟啦！**

转变

当前　**还能等你 × 分钟哦！**

**提示：**即便无法耐心等待，语言表达也得有所不同。

如果碍于早晨“登校班”（由同一片区的学生组成的上学队伍）的出发时间等，没法给孩子太多的准备时间，这时候的说话方式转化为“还能等 × 分钟”，有助于孩子冷静下来加快收拾速度。

毕竟紧张会导致身体僵硬。转变语言表达，把话说得好听些，孩子才能加快动作。

另外，如果担心会让“登校班”其他孩子等太久，家长可以提前和高年级的孩子说一声，“当我家孩子迟到了就不用等他，时间到了你们就出发”（详情参照各个学校的校规），这样一来家长也能轻松一些。

## 步骤 44 和孩子说话要有理可循

说话技巧
— 079 —
基础

以前 还要磨蹭多久啊！

转变

当前 五分钟内结束的话，就能多玩十分钟游戏哦！

**提示：**有理可循地告诉孩子不磨蹭的好处。

孩子大多对自己不感兴趣的事情（比如，写字、作业、扫除或收拾等）置若罔闻，总是磨磨蹭蹭地浪费时间不愿做，更甚者会半途而废。对于那些对喜欢的事情非常执着的孩子、感兴趣程度不同就集中力不同的孩子也是一样的。

不过嘛，大人也是一样，做不感兴趣的事的时候也是拖拖拉拉的。想必当事人一定觉得“浪费时间”“无聊”，所以这种时候，就当是帮孩子计算得失，告诉孩子不磨蹭之后能得到的好处，“××××做，就能××××样”，激发孩子的干劲。

对于那些喜欢理性思考的理科型孩子，家长可以运用具体的数字、图标等，逻辑清晰地告诉他具体的好处。

我想如果孩子知道不磨蹭对自己有好处之后，办事效率也会高很多吧。

说话技巧
— 080 —
实践

以前 **这么做会有好处的哦！**

转变

当前 **这么做的话，就能帮妈妈一个大忙啦！**

**提示：**同时要注重孩子的情绪。

有的孩子喜欢计较得失，但也有的孩子重视情绪，情感丰富，他们面对得失和具体的数字反而会犹豫不前。

大人也是一样，比如说，比起写着“要卖100万个！”的牌子却堆积成山的商品，大人有可能会更想买所剩无几即将售罄的商品吧。

对于情感丰富的孩子来说，给予他正面的情绪价值效果会更好，“帮妈妈办事，谢谢宝贝”“因为你付出的劳动，大家都很开心”“房间打扫干净后真是心情舒畅呢”，等等。

另外，（虽然有些贪心）对讲究“得失”的孩子，注重情绪的表达，会让他慢慢地明白这个世界并非什么都能以“得失”衡量，这也十分重要。

比如，和孩子一起打扫自家附近排水渠的时候告诉他：“落叶太多堵塞住排水渠的话，雨水会漫出来的，我们打扫完之后，邻居的大爷肯定会很高兴的。”

如果家长能一边有理有据地向孩子说明做事的理由，一边亲身上阵做出榜样，慢慢地引导孩子，孩子就能学会如何帮助别人，以及如何互相帮助。

难易度 ★★★

# 轻松育儿咨询室

**问：** 我家孩子患有发育障碍，不过上的是“通常级”，我该如何请求校方给予他合理的照顾呢？

**答：** 让老师明白，孩子只需要一点点照顾就可以。

患有学习障碍的学生可以向校方申请在上课过程中使用辅助阅读和输入IT设备，考试时申请使用计算机考试、单独考试、代读或代笔、延长考试时间等一系列“合理的照顾”。

但从现实角度来看，在教师长时间劳动和人手不足的背景下，这样的特殊照顾可能会被视为“过度的负担”。各个地方、学校的老师对发育障碍儿童的理解、援助体制也有差距，有可能在“通常级”中申请援助时会出现流言蜚语等情况，导致孩子难以接受必要的援助。

我的建议是，首先在尽量不增加校方负担的前提下，麻烦老师“稍微照顾一下”“顺手照顾一下”孩子，让孩子慢慢成长。

拜托老师时，用日常的语气提出具体的建议会更好，如“当他走神的时候，老师您就提醒他一下，告诉他现在在干吗就行。”

如果需要携带特殊辅助用品，就这么说：“我家孩子坐在平衡垫上就能安静下来做作业，因此您看能不能把它带到教室里去呢？”家长运用实例告诉老师孩子在家的时候是怎么样的，怎么教他能听得进去，这也便于老师理解。家长用心一点儿，就能减少老师很多负担。同时，告诉老师“这个孩子，只要这样就能和其他孩子一样了”，而且孩子得到合适的援助后的良好表现也有助于赢得校方的理解。

步骤

# 45 利用孩子的兴趣爱好

说话技巧
— 081 —
基础

以前　快从浴室里出来！

转变

当前　晚饭做了炸鸡哦！

**提示：**有好东西诱惑孩子，他就能努力做好。

家长也有自己的安排，当孩子拖拖拉拉，迟迟不肯进行下一步安排的时候，往往会给家长带来困扰。

但是，小孩子都是很“势利眼”的，当拿他喜欢的东西或感兴趣的东西诱惑他的时候，就能让他迅速行动起来。

比如说，孩子迟迟不从浴室里出来，搞得大家吃晚饭时间都要推迟的时候——如果晚饭里有合他口味的菜，就在门口告诉他：“晚饭做了炸鸡哦！”“一共五个！谁快就是谁的！”如果电视里播的是孩子喜欢的偶像的节目，就告诉他：“现在 × × 出镜了哦！”“× × 的电视剧马上开始啦！”说不定孩子就会一扫疲态、夺门而出呢。

我想兴趣和爱好是生活中重要的能量源泉吧。

“利用”好孩子的兴趣爱好，能在孩子拖拉的时候推他一把。

说话技巧
— 082 —
进阶

以前 为什么不和别人和好？

转变

当前 《西游记》里，唐僧是怎么原谅孙悟空的？

**提示：**借用孩子的兴趣点或身边的事物举例有利于孩子理解。

就算孩子对家长的大道理和说教毫无兴趣，但只要以孩子的兴趣点或身边的事物举例，简单易懂地进行说明，说教的内容也能顺利地被孩子记住。

从和朋友吵架后如何和好，到社会的运行方式，再到社会生存中重要的常识等都可以借助身边的事物进行举例说明，有时能达到让孩子恍然大悟的效果。举例的内容包括但不限于孩子喜欢的漫画、崇拜的运动员或英雄的故事。喜欢石头的孩子就给他讲石头的故事，喜欢历史的孩子就给他讲历史的知识。如此一来，就算是一些复杂的东西，孩子也能听得进去。

另外，在学习方面也是一样。对于那些厌倦以教科书为中心的被动教育的孩子，可以以日常生活中的诸多现象为例，如“冬天，有时候爸爸的眼镜是不是会结一层白雾呀？那是因为……”，从而激发孩子的兴趣，刺激孩子的好奇心，让孩子愿意倾听。（顺便一提，本书的《育儿法则》栏目中的例子均出自身边的人与事，原因同上。）

以孩子的兴趣爱好或身边的事物为例进行教育，有利于激发孩子对于这个世界的好奇心。

难易度 ★★★

## 轻松育儿咨询室

**问：** 我家孩子对喜欢的事情可以集中精力，但他在学校的成绩不好，最近甚至开始讨厌学习了……怎么办？

**答：** 相信如果孩子有适合的学习方法就能成为好学生。

世界上有许多孩子，只要能找到适合他们的学习方法就能变得更优秀（至少我坚信是这样的）！比如说，除自己兴趣点之外就无法集中的多动症（ADHD）孩子，在特定领域才能大展拳脚的自闭症（ASD）孩子，不能适应全员步调一致的集体教育的学习障碍（LD）孩子。

这样的孩子在重视普通教育的学校中往往学习不太顺利，容易经历失败。不光是成绩上的问题，还有周围人因此产生的斥责、来自大量作业和补习班的负担、来自朋友的轻蔑……这些痛苦的事情不断累加，导致本来干劲满满的孩子渐渐地变得消极厌学。

面对这样的孩子，家长要花时间和他一起寻找合适的学习方法，尝试激发他的求知欲。重点放在孩子的兴趣爱好上，或许会有意外收获。

除此之外，孩子最能集中精力的时间段是几点到几点？最近热衷于什么？成绩比较好的科目是哪科？小时候喜欢玩什么游戏？总之，家长要从孩子各方面的信息中寻找灵感，找出适合他的学习方法。

最重要的是，家长不能被成绩单上的分数迷惑，如果孩子有适合自己的学习方法，一定要相信孩子可以成为好学生。

## 步骤46 善用拟人语句

说话技巧
— 083 —
基础

以前 **吃饭怎么洒得到处都是！**

转变

当前 **萝卜逃跑啦！抓住它！**

**提示：**转变思路，以幽默还击。

可以通过拟人语句来吸引孩子的注意力。转变思路和视角，家长只要稍微在表达方式上下点儿功夫，就可以逗孩子开心、激发孩子的干劲，甚至帮助孩子重拾自信。

特别是孩子遭受挫折的时候，家长如果能以幽默相待，孩子就能尽快走出阴霾。

- 孩子苦于出门准备事项步骤的时候→“袜子上的兔兔在大喊要带上它呢。”
- 想让孩子帮忙做饭的时候→“可以帮忙把玉米的衣服脱掉吗？”
- 孩子摔倒的时候→“看来地球想和你亲亲呢。”

日常生活中好好珍视孩子喜欢的东西，视若己爱，比如，给孩子喜欢的玩偶盖上被子等。这样一来，孩子就会像自己得到照顾般感到开心。

## 运用拟人语句和孩子交流

那么，让我们一起看看运用拟人语句和孩子交流的实例技巧吧。比如说，孩子不想刷牙的时候，试着演绎如下小剧场，相信就算是“小恶魔”，也会老老实实去洗漱的。

嗯？张嘴给妈妈看看！

啊……（张嘴。）

哇！蛀牙菌好像很开心的样子！它们在说：“今天多谢款待，太好啦！谢谢小朋友的汉堡！”

真的吗？

嗯，它们还说：“大家正在开心地开派对，千万别刷牙哦！”

啊……（开始刷牙。）

哇！住手！我们超喜欢小朋友的，让我们一直在一起吧！不要刷牙啊！

（用力刷牙……）

“大事不好啦！藏到角落里去！躲在这里她就看不见啦！”（仔细端详孩子的口腔）啊！它们藏在两边的牙的内侧呢！

（大力刷牙、大力刷牙、大力刷牙。）

不，不要漱口！让我们在一起吧！

（漱口，吐掉。）

NO……

吐掉了吗？（张开嘴。）

嗯。

（满足！）

## 给身体各个部位取名字

正在照顾孩子（帮孩子穿衣服或带孩子看病，帮孩子包扎伤口等）的时候或想稍微提醒孩子的时候，也可以运用拟人语句的表达方式。

和孩子说话的时候给孩子或他的身体各个部位取名字，既能寓教于乐，轻松帮孩子穿衣服、做护理，又能幽默地说出家长想传达的意思。

- 给孩子的肚脐取名“肚脐先生”，可以一边说“肚脐先生说它很冷呢”，一边给孩子穿上衬衣或盖上被子。
- 用孩子的小肚子扮鬼，可以用手指掐一掐孩子的肚脐，假装肚脐是嘴巴，然后用低沉的声音说：“我要把晚上到点不睡觉的孩子都吃掉！”
- 给孩子干燥的手肘和脚踝取名“皮肤干燥君”，对着它们说：“各位，这就给你们涂保湿霜哦，排好队。”

怎么样，拟人的用处很大吧！

下雨的时候我会对孩子说：“太阳公公好像对我说今天可以不用洗衣服了呀。”当忘记启动电饭煲的时候，我就说：“今天电饭煲先生似乎不太想做饭呢。没办法只能点外卖啦！”不过，有时候也会把这种话当成偷懒的借口。

图 4-2　给孩子的身体部位取名字

步骤 47

# 善用猜谜

说话技巧
— 084 —
基础

以前 **别忘带书包！**

转变

当前 **请听题——上学时必须带的东西是什么？**

**提示：**用猜谜的形式来提醒孩子，孩子会很开心。

还有一个对所有孩子都有效的开心说话技巧：猜谜。

特别是对那些“马虎蛋”“冒失鬼”，用猜谜的方式提醒他们不要忘带东西的同时，还能逗他们开心，这比屡次提醒或斥责他们要有效得多。

比如说，早上孩子着急忙慌地要去上学的时候，突然对他说：“请听题——上学时必须带的东西是什么？”想必孩子也会猛然意识到有东西没带吧（虽然有时候我孩子会回答“餐具、水杯”什么的……）。

另外，可以把猜谜搞成选择题，“上音乐课时候要用的道具是……1. 阅读器，2. 竖笛，3. 鱼糕，答案是？”还可以在谜语里加入提示选项。

早晨家长都很赶时间，难免会因为孩子磨蹭而焦躁不安，这种时候如果能出个小谜语，气氛也能有所缓和。

## 防止丢三落四的方法

如果孩子经常忘记同一种东西，家长可以考虑在大门上贴上写有谜语的贴纸，或者将谜语设定成手机闹铃、备忘录来提醒孩子以节省精力。

另外，对于经常忘记带东西（上学、放学时）或忘记交东西（作业、试卷、各种费用等）的孩子，家长可以参考如下方法。

- 制作一份表格，写上需要孩子带回家的物品，贴在书包或盖子的背后。
- 联络袋上用透明卡包和卡片做标签，当有需要提交的东西的时候，把卡片反过来，用显眼的颜色写上“需要提交的东西”。
- 在教科书、笔记本、练习册等书本上贴上不同颜色的贴纸，用“语文红”“数学绿”等做区分，方便孩子寻找备齐。

图 4-3　需要提交的东西

- 在百元店买个托盘什么的，让孩子一回家就把学校发的试卷放到托盘上面。
- 在工具箱里放上备用的文具盒、文具、笔记等。
- 在记事贴或小笔记本上制作“作业·提交·带回物品备忘表”，放进孩子的透明笔盒里。
- 请求学校允许孩子把学习用品放在柜子里。
- 在创可贴上写上爱心提示：“记得交钱”，贴在孩子手腕上。

难易度 ★★★

# 轻松育儿咨询室

**问：** 孩子老是丢三落四，我就帮他整理了，这算是过度保护吗？

**答：** 孩子的特点和状况不同，这样的行为是可以的。之后再慢慢放手即可！

“马虎蛋”们总是容易丢三落四。

人们总说如果孩子尝过丢三落四的苦头后自然会记住，但这仅限于善于观察四周、自然学习的孩子和善于从失败中吸取教训的孩子。那些沉浸在自己世界中的孩子基本不会自发吸取教训。

但是，最让人担心的不是孩子丢三落四的问题，而是因为丢三落四而经常在同班同学面前被老师提醒和训斥这件事。

另外，这样的孩子在学校的不同场合中也容易被老师提醒和训斥。如此一来，孩子就会渐渐厌学……

为了避免类似的情况，减少孩子在学校被提醒和斥责的次数，家长尽早帮孩子整理才是权宜之计。

所以，家长有空的时候，可以和孩子一起收拾，或者等孩子整理好后再和他一起检查一遍，在这个过程中慢慢放手直到孩子能够独立整理东西为止。

我家就是将所有教科书像花札一样摆在地板上，然后我来念第二天的课程表，孩子就和玩游戏一样，从中挑出要带的东西。

减少多余的斥责，帮助孩子成长这件事，我认为并不算过度保护，而是对孩子的“支持”。

## 步骤48 将时间可视化

说话技巧 —085— 基础

以前 **真是的，赶快结束啊！**

转变

当前 **快看，时间只剩这么一点儿喽！**

**提示：**小孩子对“眼睛看不见的东西”都没有概念。

对于许多小孩来说，只要眼睛看不见的就不会注意到它的存在，比如，时间、气氛、潜规则、心……乃至工具箱里面的工具。

这样的孩子似乎认为“看不见的就是不存在的”（出自我家老大之口）。

反向思考一下，面对这样习惯通过视觉获取信息的孩子，将无形之物可视化是基本中的基本！

社会规则和人际关系相关的说话技巧将会在后文中详细介绍，在此仅介绍培养时间管理意识的基本对策。

比如说，孩子玩游戏正玩得起劲，但下一个活动的时间马上就要到了，这时候和孩子说“马上”什么的，他也不会有概念。

利用工具，比如闹钟、智能手机的闹钟应用程序、沙漏等，将剩余时间简单易懂地进行数值化、可视化，同时对孩子说：“快看，表上显示还剩下三分钟了”，以此让孩子自己确认时间。

另外，对这类孩子，收纳可视化也是行之有效的方法。建议把工具箱换成内部可见的透明塑料箱子。

## 培养孩子时间意识的方法

### 将剩余时间可视化的方法

- 在常用的闹钟的旁边，放上一个百元店买的纸制闹钟或没放电池的闹钟来表示结束时间。
- 在座钟正面的亚克力板上用白板和马克笔直接写上开始或结束时间。

**图 4-4　将时间可视化**

### 将时间“可听化”的方法

- 在手机或智能音箱上设定闹钟或备忘录——“剩余5分钟”“剩余1分钟”，达到倒数的效果。
- 在类似“5分钟收拾东西时间段”播放固定的音乐。

**图 4-5　将时间可听化**

### 在日常生活中培养孩子时间意识的方法

- 使用家电如电饭煲、洗衣机、热水器等的定时功能。
- 规定计算机、手机等电子产品在固定时间内保持开/关机或设置访问权限。
- 规定家庭成员每天在同一时间做同一件事，同时给孩子分配任务。如早上大人上班或上学的时候，让孩子对出门的人说：“注意安全。”晚上让孩子充当“关灯担当”“锁门担当”。

平日里要注意培养孩子的时间意识，因为生活会随之安定下来。生活安定，也有利于所有人的身心安定。

## 育儿法则

### 打烊逐客氛围的法则

稍微聊点题外话。我在学生时代，曾在一家音像店打过零工。每到打烊的时间，店里就会进入“逐客氛围”，为的就是让顾客能自觉离店。

首先，将店里的背景音乐慢慢调小。

然后，播放德沃夏克的《太阳落在远处的山上》。随着音乐节奏变慢、照明慢慢变暗，店员开始打扫卫生，店长核对现金的时候还会故意把硬币弄得唰唰作响。

这时候大部分的客人都走了，但是有时会有一小撮人沉迷于喜欢的艺术家的音乐的试听之中，丝毫没有察觉氛围的变化。

这时候，将德沃夏克的音乐调大，将照明从尽头处开始熄灭，店员一个个开始下班，直到最后只剩下客人和中年大叔的店长两个人留在店内。这样一来，几乎所有人都会慌慌忙忙离开。

但是，德沃夏克的曲子放完后，寂静的店内，有一个孤零零的学生在聚光灯的照射下，仍然入神地听着前卫摇滚，堪称“强者”。

店长自言自语了一句：“这样的人才，将来必有所成。”然后拍了拍那位学生的肩膀，催促道：“该回去啦。”这时候学生才注意到周围的情况，被猛地吓了一跳。

不畏惧来自周围人的压力，也算是一种才能吧。

步骤 49

# 将语言可视化

说话技巧
— 086 —
基础

以前 真是的，要我说几遍啊！

转变

当前 快看，这上面写了什么？

**提示：把常说的牢骚话写在纸上贴起来。**

想必各位家长都有过类似的经历——苦口婆心地一遍又一遍地对孩子强调某事，可孩子却左耳进右耳出，不禁让人觉得白费力气。

但是，我家老大说过："语言会消失不见。"好像这就是家长说多少遍，孩子都记住不住的原因。

那么，为了不让它消失，不妨将语言可视化试一试。

即便没听大人说话，但对于善于从视觉角度获取信息的孩子来说，只要有能看得见的话语，他们就能明白该怎么做。这个方法虽然有点麻烦，但比起重复唠叨100次还是有效得多。

将常说的牢骚话写在纸上，然后贴在显眼的地方就可以！比如，贴在马桶盖子的正反面、房间门、大门门口、电视机屏幕边缘等。

但是比起贴上"不许这么做"，不如写上"可以做什么"，同时附上插图、照片、图表、标识等，更有利于吸引孩子的目光。

如此一来，只要说一句"快看"，然后用手指一指就可以了。

## 将语言可视化的方法

- 将家规和留言写在纸上或胶布上，再贴起来。
- 在家里贴上标识（“危险！请勿触碰！”等）或贴纸（刷牙、洗手的步骤等）。
- 将学校的通知（保健室使用通知等）、手册（防盗、防灾、交通规则等）等，剪下一部分贴在墙上。
- 用手指指向公共场所、店铺等现有的标识、招牌、注意事项等，对孩子说：“快看，这里写了些什么？”让孩子自己进行辨认。
- 和孩子说话的时候用上笔记本（画出图表、流程图、插画、数字等，有利于孩子理解）。

图 4-6　马桶盖反面的提示帖

图 4-7　规矩书

- 和孩子说话的时候，向他展示与内容相关的书、漫画、图鉴等，对他说：“看，这里写的东西也是一样的。”
- 制作“规矩书”，用于记录和孩子商量后定下的约定等。
- 为孩子写上一封饱含爱意的信（短信、信息等也可以）。

还有一件重要的事。当孩子的新鲜感过去之后，他渐渐就会忘记贴纸的存在。这时候，可以尝试重新写在新纸张上，或是换一下张贴的位置，或是改变一下贴纸的颜色，升级一下外观，还可以尝试别的将语言可视化的方法。

说话技巧

— 087 —

**实践**

以前 **快看，这上面写了什么？**

转变

当前 **这种时候该怎么做来着？**

**提示：让孩子渐渐习惯没贴纸提醒时的情况。**

当孩子渐渐明白在什么场合下做什么事情的规矩之后，家长可以尝试在孩子查看提醒贴纸之前，引导他独立思考：这种场合下的规矩是什么？

比如说，孩子在“禁止饮食”的场所下正准备喝果汁，家长可以对他说：“在这个地方，饮料该怎么办来着？”如果孩子没想起来的话，再指一指告示牌也可以！

一来二去，就算没人、没有东西提醒孩子，他也能明白该怎么做了，家长的牢骚也会相应减少。

另外，有的孩子会认为“语言说完会消失不见”，也有的孩子善于运用听觉获取信息，“过耳不忘”。

这类孩子不善于分辨重要信息和不重要信息，如果对他不停地说教，他们可能会受到难以想象的伤害。

这时候最重要的是，抓住要点长话短说，最后干脆利落地总结道：“重要的只有这一点！”

家长也可以在纸上或其他东西上整理出要点，分条列举。

步骤 50

# 将情绪可视化

说话技巧 — 088 —

基础

以前　干吗那么生气啊！

转变

当前　你感觉自己有多生气？

**提示：**让孩子客观地看待自己的情绪。

当孩子能够客观地认识自己的情绪之后，有助于培养孩子的自我管理能力，即与自己和平相处的能力。

为此，大人们需要在和孩子共感的时候引导孩子向内看——“我现在感觉如何”，帮助孩子养成关注自己内心的习惯。

但是，孩子有时候会搞不清自己是什么感觉，或者因语言水平不足，难以清晰表达出自己的情绪。如果孩子处于哭泣、愤怒、不安或者混乱状态下的话更是如此。

这种时候，需要等孩子稍微冷静下来后，再询问他情绪的强烈程度：“你感觉自己有多生气？”

如果孩子能借助图画、表情、数值、比例以及肢体语言等形式将无形的情绪可视化表达出来告诉家长，家长也要向孩子传达出自己明白他的感受的信号，“原来有这么生气呀”，这有助于培养孩子的安全感。

## 将情绪可视化的方法

想要将情绪可视化，量表法是个有效的方法。通过数值化，可以简单易懂地表达出孩子情绪的强烈程度。

### 借助有刻度的物品和孩子对话

- 借助身边的温度计、尺子等，一边给孩子展示一边向他询问，“假如气炸了是这个数值，平常的时候是这个数值，现在你是哪个数值？”

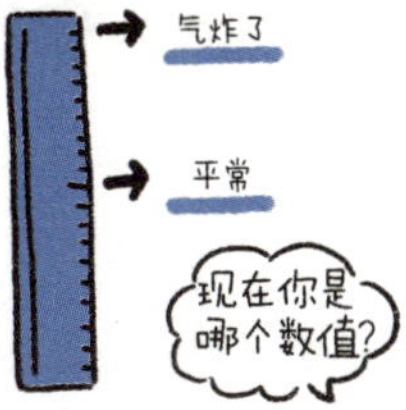


图 4-8　借助有刻度的物品和孩子对话

### 还可以借助插画或自己手绘的图画来和孩子对话

- 制作带有插图的“情绪一览表”，拿着它询问孩子：“现在的你是什么心情呀？”
- 让孩子把自己的情绪画成画，边看边和他说话。

表 4-4　情绪一览表

| | |
|---|---|
| 超开心 | |
| 比较开心 | |
| 一般般 | |
| 无聊 | |
| 非常差 | |

### 当手边没有合适的道具的时候，还可以这么做

- 用食指和拇指比一个“很小”的手势，然后再把双臂张开比一个“很大”的手势，同时问孩子：“是这么讨厌（小小的讨厌），还是这么讨厌（大大的讨厌）？”

- 参照孩子过去的经历，“假如一年级输掉接力赛时后悔度为10，那现在的后悔度有多少？”将孩子过去已经克服的困难数值化后做出比较。

## 保持情绪和表情一致的方法

如果家长发现和孩子难以共情，总觉孩子没懂自己的意思的话，可能是因为……

- 孩子不擅长从他人的表情中获取信息。
- 家长的情绪和表情不一致，难以理解。

首先，家长先在镜子前确认自己的表情和情绪是否同步。可以参考以下的方法进行检查。

- □ 想笑的时候，能否让对方感觉到你在笑？
- □ 想生气的时候，能否让对方感觉到你在生气？
- □ 开心和悲伤时候的表情，是否有区别？

发现自己的情绪和表情并不一致，很可能这就是和孩子之间产生误解和难以共情的原因。

特别是年幼的孩子和不擅长从他人的表情中获取信息的孩子，他们对家长暧昧或微妙的面部表情更是视若无睹。

照镜子或用手机自拍功能一边确认自己的表情，一边练习一些简单易懂的表情。练成后，沟通能力也会噌噌地上升。

- 张大嘴做出发韵母“a、o、e、i、u、ü”时的动作。
- 练习“面部肌肉体操”，比如，皱眉、挑眉、保持眉毛不动、用力噘嘴以及眼角重复提拉后下撇等。
- 眼神训练到能运用自如，比如，“开朗微笑时的眼神”“饶有兴趣注视时的眼神”“略显困惑时的眼神”“不高兴地瞪人的眼神”等。

剩下的就是实践了！表情丰富的人更能给人留下好感哦！

步骤 51

# 教孩子如何善后

说话技巧

— 089 —

基础

以前 **唉，都和你说了会洒出来，真是的！**

转变

当前 **用抹布擦干净就好。**

**提示：**教孩子失败之后该如何善后。

人非圣贤，孰能无过。就连精密的机器时不时都会出故障，更何况是尚未成熟的孩子们呢？

与其责备孩子的失败，不如教他如何善后更有成效。

比如说，孩子一不小心打翻了餐桌上的茶杯、汤盘等餐具的时候，告诉他具体的善后方法，“用抹布擦干净就行”“把餐具放到洗碗池去”。

如果一开始家长能够和孩子一起善后，给他示范下怎么做就更好了！

等孩子习惯了之后，家长只要把抹布递给他，说一句“拿着吧”就可以了。

如果孩子知道该如何善后，就能冷静地采取行动，而且孩子自己善后多少也能平复辛苦做饭的妈妈的心情。

不怕失败的孩子在人生路上也能一往无前。

## 善后手册及清洁工具套餐

一遍又一遍地教孩子如何善后很累人，因此推荐家长制作善后手册，减轻负担。

特别是当孩子笨手笨脚，不擅长随机应变，或是害怕失败时，如果有了善后手册，他们就能更加平静地面对自己的失败，逐渐放开手脚，变得勇于尝试。

- 制作卡片、清单等，写上“失败的时候，就这样做”等善后的具体方法，让孩子失败了就按照上面的步骤自己善后。

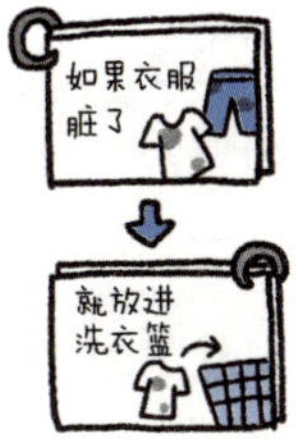


图 4-9　善后手册

- 从家电的使用说明书上复印带有图片的使用说明和禁止事项，贴在对应家电或墙壁上。

图 4-10　家电使用说明

另外，还可以在物品上下功夫，这有助于孩子预防失败，失败了也能快速善后。比如，孩子吃饭的时候总是容易把汤弄洒，建议这样做：

- 在餐桌旁边备好“清洁工具套餐”，如扫帚、簸箕、抹布、湿巾、垃圾桶等。
- 使用防滑餐垫、防滑杯垫。
- 把汤、饮料固定放在桌子中间。

难易度 ★★★

## 轻松育儿咨询室

**问：** 孩子过于笨拙，做什么都做不好。有时候不禁会想为什么孩子连这么简单的事都做不好呢……

**答：** 如果孩子实在过于笨拙的话，家长要考虑孩子患上DCD（发育性协调障碍）的可能性。

如果孩子过于笨拙或四肢极不协调，极端的情况可能是患上了发育性协调障碍（Developmental Coordination Disorder，DCD）。

目前，因为大众对DCD的认知度还不是很高，所以很多家长并没有察觉到孩子已经患病。这类孩子在学校生活中，特别是在写字上要花很多时间，运动课、实践课的表现也非常不好以至于影响到整体的成绩，由此丧失自信。而且孩子本人比谁都要恼怒，“为什么自己连这么简单的事情都做不好！”责备怎么努力都做不好的自己，责备不能随心所欲行动的自己。虽然DCD是与生俱来的疾病，但接受专家的康复训练可以让患儿的症状得到一定程度的改善。另外，家长耐心指导孩子，让他一点点学会各种动作，能够相对减轻症状。家长还可以在环境和物品方面下功夫，减少孩子在日常生活中的不便。

如果孩子的症状相对较轻，家长可以带孩子去做些锻炼躯干和平衡感的全身运动（平衡球、游泳、儿童户外拓展等），购买市面上锻炼手眼协调的玩具，利用孩子的兴趣爱好（摆弄机器、模型、乐高、手工等）来锻炼他手指的灵活性。在轻松愉快的氛围中，让孩子耐心地锻炼自己，慢慢地他就能变得灵活起来。

# 步骤 52 设定目的地

说话技巧
— 090 —
基础

以前　这点作业你要做多久啊？

转变

当前　做到这里就给你吃点心。

**提示：**设定目的地，让孩子看得到终点。

有的孩子喜欢按部就班做事，属于“勤勤恳恳型”；有的孩子面对一件事情喜欢同时从多方面进行思考和探究，属于“灵光一闪型”。我认为，还有一些孩子喜欢边动手实践边思考，属于“实践型”。

重视效率的“灵光一闪型”的孩子在面对单调乏味的作业的时候，经常会思考“为什么不这么做就不行呢”，难以投入正事当中。

当然孩子的学习方法适合自己是最好的，但如果家长想让孩子赶快完成眼前的作业，不妨给孩子设定一个目的地吧。翻开孩子的作业本，告诉孩子：“今天做到这里。”或者定下时间，“今天努力写到 × 点吧”，然后告诉孩子“做完了就给你吃点心”，让孩子看得到终点。

另外，“勤勤恳恳型”的孩子在看到堆积如山的作业的时候容易一开始就打退堂鼓。

这种时候，家长可以把孩子的试卷对折，将任务细分成一个个小目标，再让孩子一步步完成即可。

## 努力学习，抵达终点

### 将目的地可视化的方法

- 制作暑假作业、定期测试的一览表，或是把学校的卷子贴在墙上，做完一个打一个钩。
- 在教科书上注上标题索引。
- 从未来的目标（成为学者、考上心仪的学校等）倒推到现在，写出现在具体要做的事。

图 4-11　暑假作业可视化

### 整理课题的步骤及区分优先度的方法

- 在作业或考试范围等任务和课题的每一页上，贴上不同颜色的便签来区别优先度，完成后撕掉。
- 做手工作业的时候，草拟想法、收集材料、打好基础……让孩子按顺序逐条写出步骤或制作进度表。

### 降低难度，让作业变得更简单的方法

- 将作业细分成各个小部分，比如，对折试卷、用垫子盖住另一半作业，仅露出必要的比分、把问题一个一个贴到笔记本上。
- 当孩子读写负担较大时，家长可以帮孩子在写字本上打好草稿，和他一起读。

图 4-12　让作业变得更简单

## 育儿法则

### 车载导航法则

我觉得家长鼓励孩子坚持到最后的说话技巧或家长给予的帮助就和“车载导航”一样。

比如说，今天要开车去一个从未到过的地方的话，首先要在车载导航上设定目的地，对吧？设定目的地后，屏幕上会显示一张“整体地图”，标注着几条能到达目的地的路径，还有相应的行驶里程、预计到达的时间等。

这样的显示方法易于理解，一眼就能把握全局，知道接下来该怎么走、要花多少时间。

实际上路之后，还有语言导航，如“五百米后，某个路口右转”。上高速之后，甚至能按顺序播报高速公路出入口及服务区。

司机开车开得有点累之后，“车载导航”还会提醒“请在下一个服务区休息”，或用“离目的地还有多少千米”予以鼓励。

即便如此有些人还是会迷路，或者遇上始料未及的堵车。这时候，可以停车确认所在地，重新设定路径……只要能灵活运用车载导航，就算是我这样方向感极差的人，也能抵达目的地（虽然有些人会反导航而行之，走不靠谱的捷径）。

那些对没兴趣的事提不起劲的孩子、容易半途而废的孩子、难以集中精力常常迷茫的孩子的家长，当您想帮孩子找回方向时，可以参考“车载导航法则”。

难易度 ★★★

## 轻松育儿咨询室

**问：** 我家孩子很聪明，但是他在上课的时候总是做一些无聊的事情，如涂鸦、在橡皮擦上刻东西之类的，怎么办？

**答：** 在家给孩子创造环境，让他能做自己喜欢的事或擅长的事。

对传统的老师讲课型授课方式，“勤勤恳恳型”的孩子通常没问题，但是“灵光一闪型”的孩子和“实践型”的孩子容易感到无聊。

与其让“灵光一闪型”的孩子从绳文时代（日本石器时代后期）开始按部就班地学习历史，不如以他们的兴趣或身边的事物为切入口，让他们自己去学习挖掘知识。比如，孩子喜欢战国时代的武将，那就让他从学习战国时代知识开始，或是孩子喜欢战舰游戏，就让他从学习现代史知识开始。这样孩子也学得更快。

而“实践型”的孩子更适合以做实验为主的体感型学习，培养动手能力。

但现实情况是，在如今的日本集体教育普及的大背景下，很难做到结合每个孩子的长处进行针对性教学（即便是在小班教学的“支援级”里，教学方针也是偏向补齐孩子的短板）。

这样的情况在今后的教育改革中会有所改善。但是，处在教育一线的老师负担严重等问题随之增加，在学校改革的过程中，孩子们或许已经长大了。因此，为了不让孩子失去对学习的兴趣和欲望，推荐家长们在家中给孩子营造一个适合自家宝贝的学习环境。

比如，在客厅的角落为孩子专门设置一个“兴趣角”，给孩子买与他兴趣爱好相关的道具和书籍，让孩子跟着相关领域的专家/能人学习等。家长在家里为孩子创造环境，让孩子能做自己喜欢的事或擅长的事。另外，为辅助学习，还可以带孩子去体验各式学习设备，参观各种与学习内容相关的场所，如城堡、工厂、科技馆等。

步骤 53

# 收集孩子成长的见证物

说话技巧 — 091 —

基础

以前　**你要自信一点儿！**

转变

当前　**看，你都做得这么好了呢！**

**提示：**给孩子展示他成长的证据，让他发现自己小小的进步。

虽然爸爸妈妈们希望能运用本章的说话技巧引导孩子不断成长，提高孩子的能力，但是，孩子终究还是会因为一些小事而气馁、慌张，甚至是退缩。

这时候家长可能会觉得孩子如果再有点自信就好了，但是孩子如果只关注自己的缺点，那么想建立自信是很难的。

对于那些追求完美的孩子来说更是如此。

这种时候，家长要一边收集他成长的证据，一边给他展示这些证据，让孩子发现自己小小的进步。

比如，孩子不擅长运动，家长可以给他看他每年50米跑步的记录，告诉他“看，每年都在一点点地进步呢”，通过具体的数据让孩子注意到自己的进步。

就像在墙上画线记录孩子身高一样，如果孩子能认识到自己的成长和进步，他所积累的成功经验也会慢慢上升成为自信的资本。

## 收集孩子成长证据的方法

用照片、资料、数据等这些具体方式保存孩子成长的证据，有利于孩子和过去的自己做比较，同时也更有说服力。为此，家长可以尝试如下方法。

- 制作记录孩子成长的“成长剪贴簿”，制作孩子的“成长日记”，每天写一行记录孩子的成长。
- 在软木留言板上或家族群里和其他家庭成员分享孩子的成长。
- 保存学校的试卷或孩子的笔记本（不光是满分的），“看，字写得比以前好看了呢”“计算的失误慢慢变少了呀”，这能反馈孩子小小的进步。
- 把孩子的画、手工作品、书法作品装饰在墙上。（如果数量很多或者体积较大不方便装饰的，可以拍成照片保存起来。）

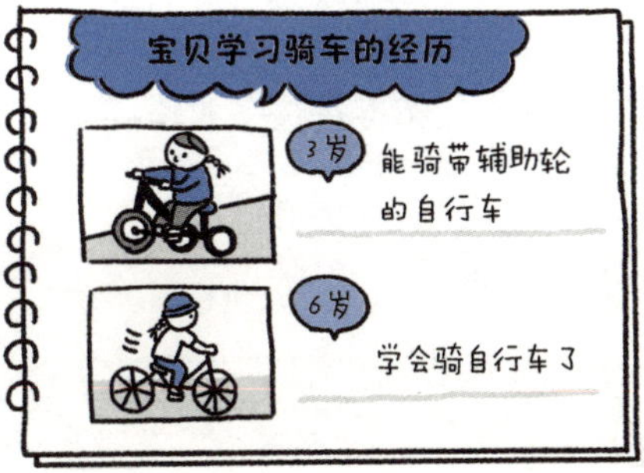


图 4-13　孩子成长的证据

说话技巧

— 092 —

实践

以前 **能做到这个地步已经很厉害了。**

转变

当前 **点心给你放这啦！**

**提示：** 对于敏感或有完美主义倾向的孩子，放手不管也是一种办法。

那些敏感的孩子或追求完美的孩子，面对身边人对他经常性的表扬容易感到心烦。

这种场合下，为了不让这些孩子过于勉强自己，和他们对话时重点可以转向关注他们的身心情况，如“别太辛苦了”，或者把点心悄悄放下就离开也不失为一种好方法。

## 三招促进孩子成长

这里给大家介绍如何用三招促进孩子成长。

第一招：给孩子做示范。

第二招：和孩子一起做事。

第三招：慢慢放手。

一来二去，孩子各方面都能慢慢成长起来，不知不觉间走向自立，家长的负担也会相应地减少，心情也变得轻松起来。

# 第5章 让孩子令行禁止的说话技巧

本章讲述如何让孩子学会令行禁止的步骤，之前的章节中做出的努力会派上大用处。

想让孩子令行禁止，需要先建立亲子之间的依恋和信任关系，让孩子积累大量成功经验、建立一定的自信。不然，不论家长怎么说，孩子也不会明白家长的苦心。

如果在尝试本章的说话技巧的时候觉得并不顺利，或是孩子听不进去，与其犹犹豫豫，不如回头尝试之前章节中的方法。

# 步骤 54 如果孩子行为越界，家长可以发脾气

**说话技巧 —093—**

**基础**

以前 **喂！**

转变

当前 **喂！我陪你一起收拾哦！**

**提示：**如果孩子行为越界，家长可以发脾气。

降低期待值，以肯定的态度对待孩子；将心比心；平心静气地和孩子交流；在孩子失败的时候鼓励他；等等。如果家长能在家里努力练习之前章节的内容，相信能够发现孩子有时候并不是故意惹家长生气的，那家长发脾气的次数也会随之减少吧？

接下来，让我们看看如何在孩子行为越界或得寸进尺的时候制止他，以及如何让孩子一点点学会什么是禁忌。

话说在前头，如果家长忍不住发脾气是理所当然的，发脾气是必要的。当家长忍无可忍或孩子一犯再犯的时候，请大胆发脾气吧。

让孩子认识到做什么事会惹家长生气，对于锻炼孩子自我管理能力来说也十分必要。

我认为发完脾气后，还能和孩子一起善后、一起收拾烂摊子的家长才是“温柔的家长”。

## 生气时该怎么做

育儿真不是美差，养育孩子的过程中想要永远不发脾气是不现实的。因此，还不如学会在生气的时候聪明些，将伤害降到最低。

注意事项1：深呼吸！

为了防止过度生气，如果感觉自己怒火攻心的时候，请做一次长长的深呼吸，再另做打算。

注意事项2：尽量长话短说！

说教控制在一分钟以内。说教过程中，如果孩子感到厌烦的话，不如先暂停一下。等孩子冷静下来之后再把想说的话说完。

注意事项3：尽量两人独处！

尽量避免在别人面前训斥孩子。在单独的房间、远一点儿的位置、不当着其他小孩的面进行教育，顾及孩子的尊严。

注意事项4：不要否定孩子的人格和存在！

不要给孩子贴上与人格相关的标签，如“坏孩子”“蠢孩子”等，也不要去否定孩子的存在，比如，“没把你生下来就好了”“断绝母子关系”等。

注意事项5：过去的就让它过去吧！

当发了一阵脾气之后，仍无法平息怒火，不如先远离孩子，转换下心情。

**图 5-1　生气时的做法**

难易度 ★★★

# 轻松育儿咨询室

**问：** 我搞不懂“发脾气”和“说教”的区别，对孩子生气的时候究竟该怎么办呢？

**答：** 不管是发脾气还是说教，做得太过了都差不多。重要的是如何原谅孩子，而不是生气的时候该怎么做。

一般来说，发脾气=发泄情绪，说教=有理有据地教导。

确实，家长发脾气的时候也不能胡乱在孩子身上发泄情绪。而且，过度地说教、讲大道理，冷酷地责备孩子，会把孩子逼入绝境。

因此，这二者做得太过的话没什么差别。反过来说，如果没那么极端，二者间还是有些区别的。

如果家长为了不发脾气而总是强行压制自己的情绪，就算孩子因此变得活泼起来，家长也会因为心理问题倒下的。而且，教会孩子越界了就会被批评是非常有必要的。将来孩子出了社会，可没有人会像家长一样惯着他了。

一方面，不要情绪失控；另一方面，不要用大道理把孩子逼入绝境。最好是能认真听完孩子的解释，然后冷静下来，简单明了地告诉孩子为什么他不可以那么做。不过，我在状态不好的时候也做不到这个地步。

重要的是如何转换心情，只要孩子知道错了就原谅他。尽量早些平复心情，回到日常生活中来。

与其纠结是发脾气还是说教，不如想着事后该如何与孩子重归于好，这样家长也会轻松一些。

步骤 55

# 有效制止孩子

说话技巧
— 094 —
基础

以前 真是的，都说了不行了（苦笑）。

转变

当前 住手！

**提示：**用表情和声调的区别制止孩子。

当孩子在公共场所跑来跑去，任性胡闹，搞恶作剧的时候，家长想阻止却阻止不住，周围人还投来不解的目光，刺痛各位爸爸妈妈的心。

之所以孩子会闹个不停，背后应该有各种各样的原因。要想有效制止孩子的行为，家长首先要从自己的表情和声音下手！

尤其是那些容易得寸进尺的孩子和不顾周围人感受的孩子，经常搞错对方表情中包含的意思。所以家长要想有效制止孩子的行为，就要用简单易懂的“表情”+“声调”+“简短的语言”来制止他！

日本人喜欢用暧昧的、略带困扰的微笑来劝诫他人，这样的习惯容易产生误解（仿佛在说“没关系”一样）。

有效制止孩子的行为，需要从平时开始。

区分发脾气时和平常的“表情”+“声调”，让孩子明白家长要他“住手”的意思。

## 生气时该有的样子

让我们更具体地研究一下，该如何用表情和音调制止那些完全不听家长话的孩子的行为。

**表 5-1　不同情景中的表情**

| | 和蔼 | 日常 | 生气 |
|---|---|---|---|
| ①提醒 |  |  |   |
| ②不知道 |  |  |  |
| ③不知道 |  |  |  |

所谓“和平日的差别”，就是指“生气”时的表情、声调和“和蔼”“日常”时的差别越大（就像①一样），就越能让那些感觉迟钝的孩子注意到自己的错误。

但是，像②这样一直保持暧昧微笑的情况，或者和③这样一直绷着脸的情况，和平时的差别并不大，也很难有效地阻止孩子。

这时候就将声调调低，用比平时更低的声调来说话，让孩子认识到不同。但这不代表家长应该在生气的时候顶着一张扑克脸歇斯底里地发脾气，重点是要和孩子对视，冷静地、严肃地、认真地散发出一种无形的压迫力。

以上所说的皆为理想状态。对于那些善于察言观色的孩子来说，

②和③的表情已传达足够的情绪，请各位家长结合实际自行调整。另外，如果家长出于性格原因无法很好地做出表情上的区别，可以让伴侣为您分担一下。

## 一句话有效制止孩子

当需要制止孩子的暴走行为的时候，第一个瞬间要喊一句“喂！”用短促简单的句子来吸引孩子的注意力。

然后，再轻轻摇头，用双臂比一个“×”的动作，结合肢体语言效果会更好。

最后再用之前的方法，认真地看着孩子（尽量保持视线平行），用生气的语调和短促有力的话对孩子说：“看着我！”“不！”这都能有效地制止他。

## 用身体来制止孩子的方法

如果以上的办法还不能制止暴走的孩子的话，家长就只能用身体来制止他了。

- 紧紧抱住情绪激动的孩子（为了避免孩子挣脱，最好从后面抱住他）。
- 当孩子打人、扔东西的时候，大人可以用双手抱住他的拳头或是摁住他的双肩，控制住孩子的动作。
- 当孩子打架的时候，大人可以从中间插进去，用自己身子当墙壁隔开双方，或是拿个垫子什么的给他们当沙袋。

但是，如果孩子力气大到家长也没办法的话，或是孩子暴走的频率和程度已经失控了的话，家长大可不必独自承担，请及时寻求医疗机构、援助机关、心理咨询师的帮助。

难易度★★★

## 轻松育儿咨询室

**问：** 孩子的班里有个小孩喜欢骂人、打人。那个小孩算不算有发育障碍呢？

**答：** 问题行为不等于发育障碍，但是他们同样需要帮助。

学校里的问题学生并不全是有发育障碍。

有很多患有发育障碍的孩子为人温和、老实。如果他们在外面能得到周围人的理解和帮助，在家里能得到家长的关爱，那么他们随着成长或环境的改变也不会出现什么问题行为。

相反，由于养育不当、过去的负面经历、过度的压力和不安、紧张等后天和环境因素，即使没有发育障碍的孩子也会出现相似的特征。有时候，潜在发育障碍的孩子会出现比发育障碍孩子更严重的症状。

所以说，除了专家之外没人可以凭借表面来判断一个孩子是不是患有发育障碍。

社会上对于发育障碍的负面评价容易让真正需要治疗的孩子犹豫不决，甚至拒绝就医和寻求社会援助等。

话虽这么说，但如果因为其他孩子的问题行为而对自己的孩子产生负面影响，作为家长也看不下去，对吧？那个孩子或许需要医生来治疗他，但同时也需要来自大人们的帮助。

本来，只要寻求正确的医疗机构和援助机关的帮助就可以了。但是，并非所有家长都能毫无心结地接受外界的援助。

这种时候，家长最好将情况详细地告诉心理咨询师等，教会孩子如何和他人保持距离，并同学校和其他人一起对其施以援手。

## 步骤 56 制止孩子的行为

说话技巧 — 095 —

基础

以前 **危险！**

转变

当前 **别动！**

**提示：用短促有力的话语告诉孩子什么能做。**

年幼的孩子、冒冒失失的孩子、笨手笨脚的孩子不论做什么都有危险，一点儿都不让家长省心。

对于这样的孩子，告诉他们什么能做，并掌握一些说话技巧，一般情况下是有效的。

如果直说“危险”两个字，孩子可能会听不懂，因此要用短促有力的话语来告诉孩子什么能做，比如，“别动！”“停下！”“等会儿！”等。

这种说话习惯不是短时间内能养成的，需要从平常开始。但是，当孩子蹿到马路上这种性命攸关的时刻，光靠语言是不够的，所以在孩子能好好控制自己之前，家长不能放手，也不能把目光移向除孩子之外的别处。

另外，还可以加上各种肢体语言，赋予孩子视觉刺激能更有效地制止孩子的行为，比如说，像交警一样双手有力地上下前后摆动。

说话技巧
— 096 —

进阶

以前　**不许跑！**

转变

当前　**眼睛看前面！**

**提示：**引导孩子的视线，让孩子注意到周围的环境。

好奇心重又好动的孩子，眼睛要么东张西望，要么就集中在某个他感兴趣的事物上。而那些喜欢发呆的孩子又总是沉浸在自己的世界里，眼神常常是空洞的（不过是经验之谈）。

也就是说，这些孩子不怎么会注意周围的环境。

这种时候，与其用语言来直接制止他们，不如引导他们的视线，让他们回过神来观察四周更为有效。

“眼睛看前面！”“看红绿灯！”具体地提醒孩子该注意哪个方向或什么东西。当人群混杂的时候，孩子会不自觉地东张西望，这种时候就应该对他说：“看着爸爸的背后，跟着走哦”“我们排在那个戴着红色帽子的人的后面吧”“直走，目标是那边那家牛肉盖饭店的广告牌”等，设定好目标或目的地，引导孩子的视线。节假日出行时，如果来到人多的地方，为防止孩子走丢，可以让孩子穿一些带有特征的衣物。比如，有鲜艳颜色或花纹的衣服，一眼就能认出的包包或帽子等。

另外，千万不要忘记事先叮嘱孩子如果迷路了该怎么做。

## 防止孩子在家、在外受伤的方法

小孩子总会做出一些大人意想不到的危险举动。甚至有些小孩还有可能被卷入冲突、事故乃至犯罪事件之中。

世上不存在绝对的安全，因此家长要准备好各种防护工具，尽量降低孩子遇到危险的可能性。

- 家中备好母婴用品、防盗防灾用品等（比如，防撞条、阻门器、玻璃防爆膜、儿童锁、门锁、停车场用反光镜）。
- 抓着孩子背包上的背带，或者给孩子套上儿童防走失牵引绳。
- 给孩子买带有定位功能的儿童手机、手表等（具有防走失、提醒孩子是否已经到家、查看孩子当前位置等功能）。
- 留孩子一人在家时给邻居打声招呼，检查孩子上下学路上是否存在安全隐患。

### 育儿法则

#### 驾校教练法则

当家长觉得孩子总是做出一些危险举动的时候，请回想一下自己在驾校学车时的经历。

将孩子看成一位正在学习如何驾驶车辆的学员，驾驶者是孩子自己。

回想一下驾校教练当时是怎么做的，教练员坐在学员旁边叮嘱这叮嘱那的：“看右边，看左边”“减速，要转弯了”。当学员遇到危险的时候，教练在一旁的副驾驶位上还要帮忙踩刹车。

育儿也是同样的道理。家长首先要给孩子传递一种自己在关注他的信号，即便这样孩子还是做出了什么危险的举动的话，就要用力抓住他的手来制止他。

有些孩子可能要花上很多的时间来练习如何控制自己，不过一旦他们知道该怎么做了，以后就能靠自己走遍任何地方。

难易度★★★

## 轻松育儿咨询室

**问：**我家孩子确诊为ADHD（多动症）。可对于内向的我来说，真的不知道为什么他要做出那么多危险的举动。

**答：**ADHD的孩子好似F1方程式赛车或喷气式飞机！

辛苦您了。您的孩子能够平平安安地长大，证明您一直都在努力地保护和养育着他呀。ADHD中“H”指的是Hyperactivity（非常活跃）。也就是说，ADHD的孩子的大脑活动是非常活跃的。

如用交通工具来比喻，所谓“普通孩子”是家用小轿车的话，ADHD的孩子就是F1方程式赛车甚至是喷气式飞机。

这类孩子的思考和行动速度过快，就像人在高速的状态下视野会变得狭窄起来一样，ADHD的孩子很难注意到周围的环境。而且，就像F1

方程式赛车很难驾驶一样，这类孩子也很难控制好自己的行为。

他们面对自己大脑高速运转的速度，是来不及控制自己的行为和语言的，所以总是做出一些越界的举动或说出一些过分的话。

面对这样的精力充沛过头的孩子，想要帮他们学会如何控制自己，家长需要花上好几倍的时间和精力。不过，F1方程式赛车有车队技术人员辅助，喷气式飞机也需要副机长来驾驶的对吧？所以，只要孩子身边有其他人能时不时地提醒他两句，辅助他学习如何控制自己，孩子自己也能持之以恒、坚持下去，我相信孩子最终一定能做到“安全驾驶”的。

另外，精力充沛也说明了孩子拥有很强的行动力、决断力、执行力哦！

虽然对于家长来说，帮助孩子控制深不见底的精力是件不省心的事，但如果孩子能控制住自己的话，将来或许能成为值得信赖的领袖。

步骤 57

# 制止孩子时要分步来

说话技巧
— 097 —
基础

**以前** **你给我适可而止！**

**转变**

**当前** **最好现在马上给我住手→我要生气喽→好的，你完蛋了。**

**提示：** 当孩子行为越界，先给他一次警告，再分步制止他。

上一篇是紧急状态下如何制止孩子，而这次是平常状态下如何有效制止孩子。

不知道大家有没有注意过咱们骑自行车下坡时，按刹车时都是缓缓按下去的，而车子的速度也会慢慢降下，最后车子会稳稳地停在红绿灯前的停止线区域内。

同样的道理，面对孩子特别是男孩子（一冲动起来就容易“超速”，做出一些越界的举动和过分的恶作剧，行为过激）家长在给他“红牌”之前，得先给几张“黄牌”警告他，如“给我适可而止”“再这样我就生气喽”，如果孩子能在听完警告后停下来，那么就是一次停在了停止线区域内的“好刹车”。

诀窍就是，在第一次警告的时候要保持严肃，看着孩子的眼睛，和孩子说话时要稍微改变语调和表情。

## 遵守交通规则

我和各位家长一样，想尽量让孩子在自由自在、毫无束缚的环境中成长。不过，凡事都有个度。

生活在现代社会的人们如果都像狩猎采集时代一样无拘无束的话，是维持不了正常的社会生活的。

想在现代社会生存下去，第一条就是遵守社会规则，比如交通规则。

事实上，即便是文化和语言截然不同的两个国家，在交通规则上都是大同小异，比如，都有红绿灯、斑马线、停止线、交通标识、车速上限等。毕竟，如果没有共同的交通规则容易闹出事故。

与之相同，如果大人不好好地教孩子学习那些全世界共同遵守的社会规则，将来孩子在处理社会关系时可能会“事故频发”，导致无法工作甚至无法单独生活，彻底陷入人生低谷。

让孩子明白想要在现代社会生存下去，在某种程度上就要受到限制和约束，让孩子接受并学习社会规则是非常有必要的。

再者，让孩子遵守社会规则和让孩子自由自在地成长，这两件事并不冲突。

就和遵守交通规则一样，是出于安全着想。家长要不断地给孩子灌输一种“有必要遵守社会规则”的思想，让孩子学习如何控制自己的行为，相信在未来，孩子不管在世界上的任何地方都能顺利地生活下去。

说话技巧
— 098 —
进阶

以前 **真是的！好烦人啊！**

转变

当前 **妈妈有点生气了哦！**

**提示：**在忍无可忍之前，告诉孩子自己情绪的变化。

那些不善于察言观色的孩子，如果得逞一次就会得意忘形，会不断重复同一件事（比如说，因为某次恶作剧或捉弄人成功了，就不停地继续下去），他们察觉不到对方微妙的情绪变化。

对他们来说，对方哭泣或生气都显得莫名其妙，让他们摸不着头脑。但是，这些孩子不明白对方行为都是有“预兆”的。

所以，大人在家中如果因为孩子的行为而感觉到不愉快，请当场用语言清晰地表达出来，如此一来，孩子慢慢地就能理解人的感情是会变化的。

另外，家长还要提醒孩子注意对方的表情变化，“弟弟好像笑不出来哦”。

没必要看别人脸色，但要让孩子明白开玩笑也是要有度的。

育儿就和等红绿灯一样，需要意识到红灯和绿灯之间还有黄灯的存在。

大人要集中注意“黄灯”的剩余时间，在变成红灯之前提醒孩子，一步步制止孩子，减少孩子酿成“事故”的可能性。

## 步骤58 教孩子把握尺度

说话技巧 — 099 —

基础

以前　**不可以！**

转变

当前　**可以这么做，但不可以那么做。**

**提示：**别光制止孩子，要教孩子把握尺度。

孩子如果能学会控制好自己的行为，那么在大多数场合下都能做到随机应变，只是这需要给他一些时间成长。

在那之前，需要家长帮助制止孩子的行为，不过总是用一句“不可以”来否定孩子行为也不好，孩子可能会陷入手足无措的状态，不知道如何是好。另外，过多、过度否定孩子有可能诱发孩子的叛逆心，导致孩子主动“放弃”。

因此，大人要告诉孩子好的行为和不好的行为作为参照，“可以这么做，但不可以那么做”，让孩子学会如何把握尺度。

比如说，孩子们在家里玩起了接球游戏，随时都有可能打到人和其他物品。这时候，“不许在家玩接球游戏，到公园玩去！”“爸爸在睡觉，不许在他旁边闹。去二楼安静地玩去！”这都是在提醒孩子注意周围的环境因素，告诉孩子什么行为是可以的，什么行为是不可以的，让孩子感受玩耍的尺度。如此一来，孩子也更容易听家长的话。

## 和孩子一起制定家规

和孩子一起制定家规，比如每天玩游戏的时间是多少、其他小朋友来家里玩时要遵守的规矩等。如此一来，既可以减轻家长的负担，也可以避免孩子陷入混乱。

在这个过程中，最重要的是家长要和孩子好好商量，找到双方都能接受的交叉点。如果大人不听取孩子的意见，独断专行地制定家规，容易引起孩子不满，甚至会导致孩子轻视规则，认为不被发现就万事大吉。

想让孩子好好遵守“家规”，就要像下面这样在制定规则的时候听取孩子的意见，让孩子在一定程度上理解这些规则的重要性。

### 1.家规的制定

“妈妈觉得你每天玩一个小时的游戏就够了，你觉得呢？”“啊？不够！”“那……”用商量的方式找到双方都可以接受的交叉点。还要事先定好违反家规的惩罚，“如果没做到的话，怎么办呢？”

### 2.家规的公布与实行

将定好的家规贴在墙上或做成“家规小册子”，以供随时查阅。可以使用游戏机上的家长看护等功能，规定孩子的游戏时间。一旦家规定好了，就要时不时提醒孩子：“要一起遵守家规哦！”

### 3.家规的修订

如果孩子总是遵守不了定好的家规，家长需要考虑是不是家规出了问题。如果家规已经形同虚设，就要再和孩子好好商量商量，降低家规的实行难度，进行可行的修订。

说话技巧
— 100 —
进阶

以前　**给我分清场合！**

转变

当前　**现在是 ×× 的时间哦！或现在是 ×× 的场合哦！**

**提示：** 当场告诉孩子现在是什么时间或场合。

对于那些沉浸在自己世界的孩子和不善于随机应变的孩子来说，分清楚时间和场合是一件很难的事情。有时候是某段成长经历让他们产生了错误的理解，导致分不清时间和场合。

比如，孩子在被爷爷夸奖“真有活力”之后，就连在图书馆和医院等场所都喜欢跑来跑去。

这样的孩子需要家长当场告诉他什么场合和时间下该干什么样的事，需要不停地积累经验才行。

其实，很多事情不告诉孩子，孩子是不会知道的。

先制止孩子的行为：“现在得保持安静”，然后再告诉孩子现在是该干什么的时间或场合，“在爷爷家跑来跑去没关系，但是图书馆是安静读书的地方哦”。

当孩子慢慢理解什么场合下该做什么事的时候，就以提问的方式来提醒他场合和时间，“现在该干什么呢？”“到这个地方之后该怎么做呢？”

等孩子连提问也不需要了之后，家长就只需要拍一拍他的肩膀，或是给他一个眼色，孩子也自然能反应过来！

# 步骤 59 指出孩子不妥当的行为

说话技巧
— 101 —
基础

以前 **坏孩子！**

转变

当前 **打人是不对的！**

**提示：**不要批判孩子的人格，指出孩子不妥当的行为即可。

那些手比嘴快的孩子动不动就惹麻烦，作为家长想必也觉得烦恼吧。

有没有感觉自己总是在说孩子，可孩子怎么都不懂呢？结合之前的章节内容，在此将对如何指出孩子不妥当的行为进行详细的介绍。

如果孩子打人等，家长有必要严厉地制止他，但要避免给孩子贴上“坏孩子”“暴力狂”等和人格相关的标签。

重要的是指出孩子不妥当的行为，并告诉他“××行为是不对的”。

如果光靠语言无法制止孩子，可以用手用力包住孩子的拳头，或是从后面抱紧孩子，将打架的两人分开。

等孩子安静下来，别忘记和孩子说：“这么快就消气了，很不错嘛。”表扬孩子冷静下来的速度，这个步骤非常重要。

一次两次没什么效果，请各位家长持之以恒地坚持下去吧。

说话技巧

— 102 —

实践

以前　**为什么要打人！？**

转变

当前　**这种时候，该说什么比较好呢？**

**提示：提醒、教导孩子合适的语言和行动是什么。**

等孩子冷静下来，不做出打人等不良行为后，家长就要好好地听孩子解释。在倾听的过程中，提醒孩子什么是可以说的，什么是可以做的，“这种时候，该说什么比较好呢？”“想让对方办事的时候，该怎么拜托人家呢？”帮助孩子回忆合适的语言和行为。

如果家长没有教导孩子什么是合适的语言和行为等相关知识和经验，光凭以上话术是无法让孩子明白的。

这种时候，就要当场教授孩子该场合下合适的语言和行为，“这种时候，只要说 × × 就好啦”“下次如果发生同样的事，就 × × 做”。

孩子手比嘴快，大部分情况下是因为孩子的语言能力发育没有跟上身体能力的发育。本质上是孩子沟通能力的问题。对此，家长可以增加平日和孩子的会话时间，或让孩子通过读书学习的方式增加词汇量，都能有效增强孩子的沟通能力。在这个过程中，教授孩子正确的说话方式，让孩子学会什么场合下说什么样的话。这样一来，孩子也能学会如何不动手就能让对方明白自己的意思。

## 如何让孩子学会把控力量、点到为止，学会保持距离

有一些孩子在打人的时候并没有恶意，他们的本意是想和对方闹着玩，或是没想到对方被打后会那么痛。

让对方感到不悦、感到痛的原因有很多。比如孩子不经意间使出很大的力气、不觉得和对方很亲密（如果对方是憨厚的孩子可能没事）等。这些问题的症结可能出在孩子对力量的把控和距离的把握上。

这种时候，家长与其用语言教孩子，不如实际上手让孩子实际感受下力气的大小或适当的距离感是什么样的。

### 力量把控练习

- 家长手持垫子等，然后让孩子“全力”“用点儿力”“轻轻地”朝垫子出拳或踢腿，在这个过程中回馈孩子的力量大小，让孩子调节力度，如“好痛！这下太用力了。”“没错。这就是和其他小朋友玩耍的时候的力度。”另外，还可以让孩子调整动作的速度，比如说，“慢动作试一下”。

**图 5-2　力量把控练习**

## 点到为止的练习

●家长和孩子带上头盔，玩“石头剪刀布”游戏，赢的人用玩具锤打输的人的头，不过不能真打，并告诉孩子：“在锤子距离对方1厘米时停手哦。”让孩子学会点到为止。

图 5-3　点到为止的练习

## 保持距离的练习

●和孩子肩并肩等亲密接触，同时告诉孩子：“这是和家人应该有的距离。”和孩子稍微拉开距离，然后手牵手，“这是和好朋友应该有的距离”。和孩子一起侧平举，“这是和班里同学说话时应该有的距离”。退后几步，“这是和邻居打招呼时应该有的距离”等。用现实中具体的人和物教孩子如何保持距离。

图 5-4　保持距离的练习

## 步骤 60 指出孩子不妥当的话语

说话技巧
— 103 —
基础

以前 嗯？刚才你说什么了？

转变

当前 不许说“去死”两个字。

**提示：**指出孩子不妥当的话语，教他妥当的话语。

有些孩子不出手，但是嘴巴却很刻薄，嘴里经常蹦出脏话，如“去死”“死胖子”“笨蛋”等（苦笑）。

我们可以把这种情况归结于孩子在交流能力方面有所欠缺。因为他们在向对方表达不快的方式只有一种，那就是说了不应该说的脏话。

因此，家长要指出孩子不应该说脏话，告诉他那是不该说的话，“不许说‘去死’两个字”。

而且，不光要指出，还要告诉孩子如何恰当地表达他的情绪，即什么是“妥当的表达”。

孩子会说出“去死”两个字是有各种各样的原因的（甚至有的孩子用这两个字来打招呼或附和别人……）。

在认真倾听孩子解释的基础上，告诉孩子用什么话更能恰当地表达，“这种时候，只要说 × × 就可以啦”，或反问孩子来让孩子自己思考该怎么做，“宝贝觉得这种时候该怎么说才好呢？”

## 指出孩子话语中的敏感内容

请各位家长尝试将那些不方便对人说的敏感内容制成一览表或表格，用图表的方式来教育孩子。特别是对于那些心直口快的孩子来说，将“敏感内容”可视化更有利于他们理解。

1. 首先，和孩子对话，“自己如果被这样说会很讨厌”“妈妈如果被这样说会很不开心”，将得出的结论记录在笔记和便签上。
2. 总结上面得出的结论，分类后制成如下一览表。或是看着如上结论开始联想，将联想出的内容分类后制成表格。

**表 5-2　不妥当话语示例**

| | |
|---|---|
| 1 | 否定对方的存在、威胁对方的生命。 |
| | 例：去死、滚开、打死你、揍扁你…… |
| 2 | 讽刺对方与生俱来的特质、家庭环境。 |
| | 例：你个××（性别、疾病、人种、家庭经济能力）…… |
| 3 | 讽刺对方的五官、身体特征、性特征。 |
| | 例：臭矮子、死胖子、丑…… |

虽然家长明确告诉孩子“什么是不可以对别人说的敏感内容”这件事很重要，但是要知道，孩子在和其他小孩子相处的过程中肯定会出现不满和不愉快的。

我不认为禁止孩子在一切情况下抱怨不满是件好事。家长再次指正孩子的时候，还要告诉孩子什么是可以说的，“这些话咱们可以在心里偷偷说”“回家之后对爸爸妈妈可以说”“可以把这些话写在日记上”。

说话技巧
— 104 —
实践

以前 怎么敢和爸爸妈妈这么说话呢？

转变

当前 你刚才说的话，让人对你印象很差哦！

**提示：**坦率地指出孩子表达中的问题。

假如世界上存在话语裁判一职，那么孩子说出敏感内容会被他们直接判红牌下场，但是受语调、态度、话题、和对方的亲密程度、次数、人数等因素的影响，孩子可能只会“吃黄牌”。虽然没“吃红牌”下场，但日积月累下来也会出大问题。

大部分的孩子在和伙伴的相处过程中（就算双方相互嫌弃），会具体问题具体分析，他们根据对方的忍耐程度不断进行微调，“他的极限在这儿”“对他不能说这样的话”等，自然而然地学会察言观色。

但是，对于那些不善于观察四周、自然学习的孩子和那些不善于从失败中吸取经验的孩子来说，可能在本人毫无察觉的情况下，“黄牌”行为堆积成山，或是他本想和大家一起讨论，但不知不觉就破坏了气氛（特别是青春期的孩子，他们对气氛变化尤为敏感，生怕在众人面前出丑）。

如果这时候不知道怎么告诉孩子什么是恰当的话语，就坦率地指出孩子表达上存在的问题，如“你刚才说的话，让人对你印象很差哦”“说妈妈是‘老太婆’，第一次妈妈能一笑置之，第二次妈妈就要生气喽”“别人可以这么说我，但宝贝这么说我，我很难过”，就这样用鲜活、具体的语言（可以适当丑化下家长）教导孩子。

步骤

# 61 改正孩子爱哭闹的坏习惯

说话技巧

— 105 —

基础

以前 **饶了我吧，小祖宗！**

转变

当前 **终于不闹啦！**

**提示：重点放在事前和事后！**

相信家长们带孩子逛超市时，孩子都在零食专区前哭闹过吧？说实话，在这种情况下家长真的束手无策，而且周围的人还会盯着看，实在太丢脸了。家长能做的只有深呼吸，然后，置之不理！

当孩子在公共场合哭闹的时候，谁都没办法制止他。家长顶多就是陪着他，等他缓过来（如果可以的话，把孩子带到别的地方去哭）。

不过，家长可以在事前和事后下功夫。做好这两点，就能在一定程度上纠正孩子哭闹的坏习惯。

事前能做的是预防——为了不让孩子哭闹该怎么做？事后能做的是改变结果——走出“举手投降，给孩子买”或“对孩子发脾气”的恶性循环，寻找其他解决方法。

请家长们放心。只要耐心等待，孩子肯定会停止哭闹的。等孩子停止哭闹后，记得夸夸他，“终于不闹啦”，再从预防和改变结果两个方面下手纠正孩子爱哭闹的坏习惯。

## 如何改正孩子爱哭闹的坏习惯

让我们进一步看看该如何改正孩子爱哭闹的坏习惯。

进入正题之前，请允许我多说一句，不管孩子多大，当家长在育儿中感到束手无策、不知如何是好的时候，大多可以用这个方法来寻找解决对策，因此请务必仔细练习。

首先，我们将孩子的一系列行为分为"A=契机""B=行为""C=结果"（用行为分析学的专业术语来说，就是ABC分析法）。注意，家长要关注的是孩子具体的行为，而不是类似发脾气、任性等主观的印象。

以带孩子逛超市为例，运用ABC分析法进行分析。

A=契机　逛超市的时候经过了零食专区。

B=行为　孩子在地上打滚，边闹边哭。

C=结果　家长屈服，给孩子买了零食。

如此一来，孩子便产生了误解，认为只要哭闹就能让家长给他买零食。也就是说"C结果"成为孩子"B行为"的"奖励"。

为了走出这样的恶性循环，家长要么减少"A契机"，要么改变"C结果"。

比起在孩子哭闹的B上花费心思，家长不如在A和C，即事前和事后上下功夫，这样反而更有效。

请在各种场合下不断尝试，相信一定能找到适合您和您的孩子的最佳相处模式。

我相信，这种不断试错的过程其实就是家长努力育儿的证明。

## 减少契机的方法

让我们回头看一看逛超市的例子，怎么做可以减少契机A呢？

- 多点外卖，少带孩子去超市。
- 逛超市时少经过零食专区。
- 零食只在种类不全的小超市买。
- 避免空腹，逛超市前先吃饭或稍微垫一下肚子。
- 避开超市人多的时间段，以及孩子疲倦、打瞌睡等容易闹脾气的时间段。
- 不要一刀切，在进超市之前和孩子约好“只能买（最多）多少钱的零食”，等孩子同意后再进超市。

这样一看，预防孩子哭闹的方法还是很多的。

不仅是在带孩子逛超市这件事上，至少有80%的育儿烦恼可以用“日常参与+打预防针+说话技巧”来预防，甚至解决。（我感觉是这样的。）

在您感到束手无策之前，请习惯性地问问自己有什么可以做的。

图5-5　预防孩子哭闹

说话技巧

— 106 —

进阶

以前 **真是的……**

转变

当前 **好好说出来就给你买。**

**提示：和孩子交涉要带上条件，如果孩子做到了就要及时反馈。**

接下来让我们看看如何改变结果。

是不是感觉向孩子屈服，不得已给孩子买零食是一种耻辱呢？那种深深的失败感……其实，如果家长一点儿都不想给孩子买零食，但又没有和孩子死扛到底的精力，只想赶紧搞定回家的话，那么从一开始就不要带孩子出来吧。带孩子逛超市，多多少少都要有点花钱的觉悟，当孩子想要这想要那的时候，说句“把果汁放回去，给你买一包零食”，如此在孩子哭闹之前，相互让步，可以避免陷入持久战。也就是说，和孩子交涉要带上条件。这一点在孩子开始哭闹之后也是一样的。

等孩子冷静一点儿后，“好好说出来就给你买”“现在可以忍住不哭了吗”，家长可以告诉孩子用哭闹以外的方法来提出条件。如果孩子稍微忍住不哭了或是妥协了之后，要及时反馈给孩子他的良好表现，如“能好好说出自己的想法了呢”“忍住不哭了呢”。一来二去，孩子慢慢地也能改正哭闹的坏习惯（就算哭了也能很快平静下来）。

但是，如果不管说什么孩子还是不停哭闹，看到什么都想要，或许对于那位孩子来说，他真正想要的就不是零食这么简单了。

## 步骤 62 破除孩子的执念

说话技巧
— 107 —
基础

以前　**不许任性！**

转变

当前　**宝贝为什么要那么想呀？**

**提示：孩子执念的背后是强烈的感知。**

孩子的感知都非常丰富。因为是小孩才会有一些放不下的执念，以至于让大人觉得莫名其妙，不能理解为何孩子会在意那么多无关紧要的琐事。

可能对于感觉器官已经发育完全（或者说疲于生活，感受能力变得迟钝）的大人来说，孩子的执念就等于“任性”。但是，对于小孩子来说，他们不懂如何筛选有用和无用的信息，对颜色、形状、声音、气味的感知比大人要强烈得多，因此会对某些东西感兴趣，或是感到焦虑，从而说出类似“必须××才行”的话。

对家长来说，有时候可以容许孩子的执念，当然也有不能容许的时候。但首要的还是，家长要将孩子的执念当成孩子拥有强烈的感受性的证明，而非孩子的“任性”。

在这个基础上，再进入孩子的世界，倾听他的声音，问问他“宝贝为什么要那么想呀”“宝贝有什么在意的事情吗”。

## 制作执念表，将孩子的执念分类

想要破除孩子的执念，不能一刀切，不能将孩子所有的执念都当成任性。家长要好好地和孩子交涉，要相互让步，同时改变自己的想法。寻找适合自家孩子的解决方案，促进孩子成长。

为此，家长可以制作执念表，将那些看似任性的执念进行分类，更有利于冷静客观地看待孩子的执念。

**表 5-3　执念表**

| | |
|---|---|
| 1 | **好好纠正**<br>孩子没有恶意和罪过却会给周围人惹麻烦的执念、会影响正常生活的执念。 |
| 2 | **自我反省、自我改正**<br>大人自认为是常识，自认为是正确的执念中，有一些或许在客观上会给他人造成极大不便。 |
| 3 | **改变看法 / 想法**<br>大人自认为是常识，自认为是正确的执念中，仔细思考下也有一些完全不会给他人带来不便的执念。 |
| 4 | **放任不管**<br>孩子那些不会惹麻烦，家长也不在意的执念。 |

## 破除孩子因不安产生的执念

让我们看看表5-3“执念表”中1的应对方法。这类执念不光会给家长及周围的人的日常生活造成不好的影响，还事关孩子将来能否在社会中立足，是家长需要重点关注的地方。举例说明如下。

- 孩子上学途中，常走的路突然封了，然后孩子就坐在那里等。
- 上小学时，孩子经常会边哭边跑出教室。
- 对进入学校的体育馆等特定场所表现出极大抵触。

孩子之所以会有这些执念，或许是因为那些场所的某些信息（声音、气味、光线、颜色、形状、人、物品、过去的经历等）刺激了孩子的感官，由此引发孩子强烈的不安与恐惧。

这样的执念没有道理可循，因此家长的训斥和劝说都不管用。

这种时候，家长要亲切地询问孩子原因是什么，“那时候宝贝是注意到什么了吗？”再表示对孩子的理解，“原来如此，妈妈也觉得 ×× 的声音很可怕呢”“原来如此，宝贝是在害怕 ×× 呀”。

然后，优先平复孩子的情绪，让孩子远离让他感到恐惧和不安的对象，安抚他直到他冷静下来。

之后再运用之前介绍的破除孩子执念的方法，和孩子或老师商量，寻找能够减轻孩子恐惧感或不安全感的方法，比如，用耳塞来隔音。

多观察孩子，让孩子慢慢习惯那些令他害怕和感到不安的对象，等孩子不怕了，也就成长了。

难易度 ★★★

## 轻松育儿咨询室

**问：**我家孩子没有发育障碍，但自从一次在上学路上留下了恐怖的回忆后，经常会在上学路上呆坐在一个地方，怎么办？

**答：**倾听孩子，安抚孩子，让孩子慢慢习惯，孩子会克服过去的。

无论是什么样的孩子，在经历过不安与恐惧后，心理状态都会不稳定，执念都会加深。就算孩子的心理创伤不是因为亲身经历了（目击了）灾害、欺凌、虐待乃至战争等大事，而是因为身边的一些小事，比如上学途中被狗吓到了等造成的，家长也要分外关注。

这时候，请不要否定他，而要认真倾听，对孩子表示理解，“原来如此，妈妈也觉得那条路挺可怕的”，之后花时间寻找孩子恐惧的具体原因。当知道孩子感到害怕是因为那条路有狗会对他叫，家长可以申请一段时间的校车接送服务或亲自乘车接送，还可以陪孩子走别的路上学。总之，家长要在事前下功夫，回避诱发孩子恐惧的契机，优先安抚孩子。

等孩子状态好一点了，家长可以陪他一起步行上学，在他可以接受的范围内让他适应自己所恐惧的路段。然后，家长可以缩短陪伴孩子上学的距离或仅陪他走他恐惧的路段，一步步慢慢放手。如此，相信孩子最后可以回归到之前的生活。

另外，还可以带孩子去宠物店摸一摸小狗，让他慢慢习惯和动物相处。但是，如果孩子的执念过于强烈，已经到了对本人及他人的日常生活造成严重影响的程度或过于钻牛角尖，那么家长必须尽快带孩子去儿童精神科和心理内科就诊。

## 步骤63 给予孩子忍耐的奖励

说话技巧 —108— 基础

以前 **安静，不然要被司机赶下车啦！**

转变

当前 **如果坐车的时候能保持安静，下次就带你去××玩！**

**提示：**教孩子遵守规则会有好事。

现在，让我们看看前文中“执念表”中2的处理。

为了不让孩子惹麻烦，大人们必须教导孩子为人要遵守规则的道理，比如，所属团体（国家、地区、公共场合、学校等）的规则等。这个过程或许很漫长，但必须教到孩子学会为止。

要想让孩子脱离家长后还能在这个社会上生存下去，从某种程度上来说，家长有必要培养孩子忍耐和妥协的能力。

为此，首先要给予孩子忍耐的奖励。

这里所说的奖励，不光是物品、零花钱和奖励积分，还可以是更多的自由，比如说，允许他到更远的地方玩，交涉时家长更多的让步，让他自己决定自己的事等。还可以是口头表扬和感谢，如“谢谢宝贝努力保持安静”。

总之，家长要翻来覆去地教孩子遵守规则就会有好事的道理。

## 规则与个人信用度、自由度的关系

对于血气方刚的年轻人来说，或许规则更多代表的是束缚。但在很多情况下，遵守规则反而会更加自由。具体如下。

**图 5-6　规则与个人信用度、自由度的关系**

符合上图的例子有很多。比如，社交媒体和视频网站等平台有很多用户利用法律和规则的漏洞，发布了大量影响不良的评论和视频，平台将会采取更加严厉的规则来限制用户行为。

我认为规则、个人信用度和自由度之间有着很深的联系。

家长们常常谈论的“越是好学生多的学校，校规就越松”也是这个道理。这份自由的背后是学生们日常的言行举止使得周边居民对他们产生了极大的信任，不是吗？

# 步骤 64 警告孩子、约束孩子

说话技巧
— 109 —
基础

以前 安静点儿，不然不给你买 ×× 了！

转变

当前 **保持安静，不然以后就减少你的游戏时间。**

**提示：**制定因果关系分明的规则，先警告，再惩罚。

当孩子惹麻烦或伤害他人或自己的时候，家长需要约束孩子的行为。这和中学生偷东西会面临停学或退学处罚，大人违法会面临牢狱之灾一个道理。

为了让孩子理解这类社会规则以及违反规则的严重后果，家长可以让孩子在家庭生活中不断积累相似经验，防止孩子日后铸成大错。

为此，事先和孩子制定好规则和处罚，“如果 × × 样，就有这样的处罚”→孩子稍微违反规则，就给予数次警告→孩子仍一犯再犯，就严厉执行处罚……这样的流程是最好的。

要注意，规则要因果关系分明才能更有利于孩子接受。比如说，孩子玩游戏时，喜欢大喊大叫，无意间扰民，这时候的处罚不应是不给他买生日礼物什么的，这样的处罚和孩子行为没太大关系，会让孩子觉得有理说不出。所以，处罚应该换成“减少孩子游戏时间”等更好。

## 将手机或计算机设置成“家长模式”

手机游戏、计算机游戏、社交软件、视频网站等对孩子有很大的吸引力，孩子接触时间久了，有可能产生依赖性。

另外，为了避免孩子胡乱操作，惹出麻烦（凭空出现的大量话费欠款、社交媒体遭到封禁……），家长需要在一定程度上设定条件和上限，运用物理性的手段约束孩子。手机、计算机、安全软件等的青少年模式、家长模式等都可以实现以下功能。

- 设置设备可解锁的时间段以及每日的开机时间上限。
- 开启年龄限制及筛选功能，可以封锁软件的下载、访问、观看的权限。
- 关闭充值功能，或是设置成充值需要家长的认证。
- 购买固定话费的套餐。

但是，无论家长用什么方法，孩子都有可能在不知不觉之间记住密码，偷偷把设置改掉。因此，所有的方法都要以让孩子学会自我控制为目标，这样来得更有效。

而“家长模式”说到底也只是辅助孩子学会自我控制的工具而已。另外，为了不让孩子沉迷手机等电子产品，家长可以一边拿着手机上显示的“今天使用了 × × 分钟”，一边和孩子商量玩手机的规矩，这有利于孩子接受。

除此之外，在孩子养成足够强的自制力之前不给孩子买手机也是个聪明的做法。

**说话技巧 — 110 —**

**实践**

以前 **你那个朋友一来就吵得不得了，别再让他来家里了！**

转变

当前 **×× 小朋友，邻居家里有小婴儿哦，要保持安静哦！**

**提示：**一点点让来家里做客的小朋友学会来家里做客的规矩。

家长通常都有这样的烦恼：自家孩子在家能保持安静，但其他孩子来家里做客的时候却非常闹腾，特别是玩游戏玩得起劲的时候。

毕竟不能严厉训斥别人家孩子，也不可能对孩子说“和那个小朋友绝交”这样无情的话，但又不能放任不管，实在是苦于应对。

对此，在自家孩子理解家长这样做的重要性的基础上，需要一步步让其他小朋友学会来家里做客的规矩（虽然很难）。

首先，向小朋友传达具体的原因以及具体该怎么做，“× × 小朋友，邻居家里有小婴儿，要保持安静哦”“我们家不是一楼，跳来跳去会吵到楼下的人，要玩就坐着玩哦”（如果那个小孩做到了，请对他表示感谢，说声“谢谢配合”）。

其次，询问孩子们玩得最闹腾的游戏是什么，允许他们玩游戏但要附带条件，“如果能保持安静就让你们在家玩游戏（但那个最闹腾的游戏不能玩）”。如果孩子们做不到，那就用强制手段，比如，拔电源，告诉他们“在家的时候不准玩游戏”。

如果其他孩子不能遵守，就告诉他“想和 × × 玩的时候，就去公园玩”，逐步进行教育，相信他最终能明白该怎么做。

## 计时隔离法（温和版）

计时隔离法，是欧美主张的一种育儿法。具体是指，如果孩子做出家长或老师无法容忍的行为，就让他单独坐在房间或教室的一个角落，在一定时间内（一般为“孩子年龄 ×1”分钟）约束孩子行为的教育方法。如果大人能从始至终运用好这套方法，应该是相当有用的。

但是，我在实践中发现，其他孩子经常主动走到计时隔离中的孩子身边，导致教育效果不是很好，因此我发明了这套温和版的计时隔离法。

计时隔离法（温和版）目的在于让孩子冷静下来转换心情，而不是限制孩子的行为。比如，孩子吵架或挨训之后，心中的不满久久不能平复，总是一副不开心的样子，可以如下所示这样做。

- 让孩子在一个房间内独处，“去二楼打游戏去”等。
- 让孩子外出跑腿，“去自动贩卖机那里买瓶饮料回来”“去帮忙买点儿鸡蛋回来”“帮忙带小狗去散步”“帮妈妈把这张明信片投到邮箱里”等。
- 让孩子单独休息，营造一个安静的环境，“稍微午睡一会儿吧”“去洗个澡吗”等。

如果孩子不想动的话，就让其他兄弟姐妹退避一下，“下楼看电视去”，或者家长自己退避一下，“妈妈稍微去睡一会儿喽”，尽量避免被孩子的烦躁影响到。

在家长疲劳或忙碌的时候，那些不懂得察言观色的孩子很容易踩雷，因此不如提前用上述方法和孩子拉开距离，尽量避免不必要地发脾气。

步骤 65

# 放宽约束、解除约束

说话技巧
— 111 —
基础

以前　**一辈子都不许那样。**

转变

当前　**如果连续几天都能遵守规矩，就不约束你了。**

**提示：**为孩子放宽约束的条件。

当家长看到孩子沉迷于某事，该做的作业都没做的时候，不由得就想发脾气。

如果家长强制夺走孩子做某事的权利，不仅会在孩子心中留下祸根，而且还堵死了孩子“重生的道路”，失去了从这些事中学习的机会。

约束孩子一段时间，等孩子开始反省自己，开始遵守规则，对家长的信任度也在不断回升之后，再慢慢放宽对孩子的约束直到解除，这一步非常重要。

约束与放宽约束同在，相信这样能让孩子明白遵守规定就会有好事发生的道理。

如果孩子做了越界的行为，不得已要加强对他的约束，那也不要忘了提示孩子如何争取放宽或解除约束，告诉他“如果能连续一周一回家就开始做作业的话，就让你怎么样怎么样”，等等。如果孩子能好好遵守规则，那么家长也得言而有信，起到模范作用。

## 废除规矩、修正规矩

规矩要根据孩子的成长情况，进行适当的修正，对于那些不适宜的规矩要及时废除和废止，比如，无须家长唠叨，孩子已经习惯性遵守的规矩，以及不适合当前孩子年龄段的规矩。

毕竟什么都用规矩来约束孩子的话，家长也会喘不过气来的。

如果您用的是之前介绍的将唠叨和规矩可视化的方法，建议您慢慢地将家中张贴的纸张取下。

为了维持双方的正常生活，有必要立好规矩，但是请不要太过死板，制定规则时不要抱着“增加一个就减少一个”的心态。

等孩子到了一定年龄，家长就要试着将规矩转变为契约的形式。

孩子稍微长大后便开始不愿意服从家长定下的规矩，更何况，在同龄的孩子们的价值观里都认为听大人的话是件一点儿也不酷的事情。

这种时候，定规矩的时候要和孩子好好商量，“爸爸妈妈的条件是这样那样的，你觉得怎么样？”在两边都可以接受的基础上，以签订契约的形式定下规矩。

就和做生意一样，当家长有什么想要孩子遵守的规矩或履行的义务就分条列出，打出契约的草案，之后再和孩子协商，在现实可行的范围内做出调整，如果双方都没有意见还可以签下自己的名字。

步骤 66

# 理由要说得具体些

说话技巧
— 112 —
基础

以前　会给别人添麻烦的！

转变

当前　你要这么做的话，就会 ×× 样，所以别再 ×× 样了。

**提示：**向孩子具体说明为什么会给别人添麻烦。

接下来是“化模糊为具体”的进阶版。一直以来，我们都用“会给别人添麻烦”这句话来制止孩子的行为，但是，麻烦具体来说又是什么呢？

或许对于大人来说，可以凭借长年的生活经验来判断什么事情会给别人添麻烦，但是对于涉世未深的孩子们，只对他们说一句“会给别人添麻烦”的话，他们照样摸不着头脑。

所以大人们要化模糊为具体。比如，在电车、医院等公共场所，孩子带的游戏机外放音很大声的时候，对他说“电车里面发出很大的声音会让人感觉不舒服，甚至还会有人因此听不清下一站的站名，宝贝不如把耳机戴上吧”“医院里的病人听到很大的声音会头痛的，把声音关掉吧”等。

也就是说，将“添麻烦”三个字具体到“谁会怎么想”“会给谁带来怎样的不便”，这些具体的理由会让孩子更容易理解。与此同时，家长

说话技巧
— 113 —
进阶

以前 **大家都这样。**

转变

当前 **这是因为 ××，所以才有了这条规则。**

**提示：**告诉孩子某条规则存在的具体原因。

要告诉孩子什么是可以做的，如此一来就能很好地锻炼孩子为周围人着想的能力。

有些事情，需要事先充分说明才能让人信服，才能让人遵守，让人主动配合。这点，不管大人还是小孩都一样。（相反，如果连正经的通知都没有，仅仅因为“家长都这样做”，就把一些责任强推到家长身上，反而会引发抗议。）

教孩子某个社区必要的规则、义务、礼仪等的时候，不要光说一句“大家都这样”，而是要将这条规则存在的理由（为什么要这么做）一起告诉孩子，这样孩子也更容易接受。

比如，“医院的这个区域是不能使用手机的哦，因为手机信号会影响医生操作的机器，最后会导致误诊呢”“这个城市用的纸都是可再生的，因此用完要放到这个地方哦”等。（如果孩子予以配合，大人们请别忘记说“谢谢”二字。）

“大家都这样”有时候并不能解决所有问题，毕竟不是所有人都会好好遵守规则。所以有必要让孩子理解为什么要遵守某条规矩，这样孩子就不会受周围人的影响了。

## 面对喜欢理性思考的理科型孩子该怎么办

有些孩子（特别是喜欢理性思考的理科型孩子）仅凭家长口头的说明是不会配合的，这时候家长可以这样做：

- 向孩子解释时用上图表、表格等，突出逻辑性。
- 向孩子解释时加上具体的数值、百分比等数字。
- 向孩子解释时参照书、资料、网址上具体准确的信息。
- 拜托权威人士或孩子尊敬的人来向孩子解释。

**说话技巧 — 114 —**

**实践**

以前 **这就是规则。**

转变

当前 **妈妈也觉得这种规则很奇怪。**

**提示：**对于奇怪的规则，家长要大方地表示奇怪。

在这个世界上，有许多家长也解释不清楚的、不讲理又死脑筋的规则、习惯、压力、人与人的默契等。

用这些规矩来约束孩子，他们感觉疑惑也是理所当然的。如果家长和孩子一样对某些规矩感觉奇怪，那就大方说出来。孩子看到大人仔细思考的样子，也会学着去思考。这十分重要。

步骤 67

# 告诉孩子前因后果

说话技巧

— 115 —

基础

以前 **快住手，太危险了！**

转变

当前 **这样下去的话会 ×× 的，宝贝还想继续下去吗？**

**提示：**帮孩子评估风险，孩子能接受再让他继续挑战。

活泼好动的孩子虽然行动力很强，活力满满，但是有时候做事不计后果。就算大人对他说“快住手，太危险了”，他还是会不顾一切地继续做下去。

在孩子学龄前阶段和低年级阶段，家长还可以上手制止他，但等他到了高年级阶段，最有效的方法还是和他讲道理。

“这样下去的话会 × ×”，告诉孩子前因后果，让他理解其中存在的风险。之后再让他本人进行判断，“还想继续下去吗？”或者附加一些条件保证孩子安全，“以防万一，宝贝要保证 × ×”。

孩子拥有挑战精神很好，因此才要让他提前理解风险，这样也有利于他及时规避。

家长可以让孩子从小小的挑战开始，比如说，当孩子想和朋友们一起出远门时，告诉他“如果提前把交通费花光，回来就只能步行，这样也可以吗”“以防万一，宝贝要保证给我发定位哦”。

说话技巧
— 116 —
进阶

以前 你在干什么呢！

转变

当前 真的去做的话，你觉得会有什么后果呢？

提示：提醒孩子，让孩子思考后果。

等孩子慢慢习惯了之后，家长就可以引导他自己去进行风险评估了，“这样下去会 × × 样呢？”

好奇心重的孩子们一想到什么就喜欢立刻投入行动，但有时候他们的行为会给周围人带来很大的麻烦，不分场合的他们还会惹人厌烦，被人奚落。

为了避免这样的结局，家长要提醒孩子，“真的去做的话，你觉得会有什么后果呢？”让孩子去思考后果，并让孩子养成习惯，这非常重要。

比如，在红白喜事等正式的场合下，孩子表现不佳的话，推测孩子的行为以抢占先机，如“现在如果你逗大家笑的话会怎么样呢？”（如果这样还不能约束住他，干脆悄悄带孩子离场！）

另外，其实喜欢恶作剧的孩子的求知欲很重，喜欢刨根问底。

家长可以利用这一点，寓教于乐（将棋、桌游、纸牌游戏、模拟游戏、角色扮演游戏、科学实验、编程等游戏可以多参与），培养孩子预测后果的能力。

说话技巧
— 117 —
实践

以前 完蛋了……

转变

当前 **如果 ×× 样，就会变成那样哦！**

**提示：**在孩子酿成大错之前给他打预防针。

如果孩子犯的错还有补救的余地，可以让他在犯错中成长，但是有的错误是无法挽回的。比如，在事故或事件中，对他人（或自己）的身心造成巨大的、不可磨灭的创伤等。

对此，家长可以在陪孩子经历小小的失败，积攒经验的同时，在陪孩子观看娱乐新闻、警察采访的过程中给他打预防针，“如果做出他那样的事的话，在这个社会上就活不下去了”“想要挽回失去的社会信用可不是一件容易的事呢”等。

## 育儿法则

### 适量饮酒法则

想必各位家长有过一时冲动喝醉了的痛苦经验吧？

起初不知道自己的酒量有多少，但随着经验的增加，是不是觉得光靠体感便知道喝到哪里是自己的极限，从而控制酒量也更容易了呢？

看来想做到预测后果，确实需要一定程度上的经验（包括失败的经验）和时间。

步骤 68

# 提醒孩子

说话技巧
— 118 —
基础

以前 **真是的，不是和你说过了吗!？**

转变

当前 **这种时候该怎么办来着？**

**提示：**给孩子回忆过去的契机。

有些孩子之所以千叮咛万嘱咐还一犯再犯，似乎是因为他们不擅长在适当的时机想起过去的经历（所以才说他们不会吸取教训）。

这样的孩子不惧失败、勇于挑战，却总是不能吸取教训，家长难免会生气，“说了几遍了”“要说几遍你才懂”“有好好反省吗”……

可就算斥责他们，他们也不能理解。

大概是因为孩子不擅长整理脑中的信息，脑子里就像是杂乱的抽屉一样，没办法在必要的时候将必要的记忆调取出来。

对于这样的孩子，家长需要给予孩子回忆过去的契机（提醒他们）。

比如，孩子找不到想要的东西（今天第三次），而且有很多借口的时候，家长可以问他们：“这种时候，先找什么地方比较好来着？”“上一次是在哪里找到的？”“想想今天都去了什么地方？”

**说话技巧**
**— 119 —**
**进阶**

**以前** **说了你也不听！**

**转变**

**当前** **那个时候是那样的，但这次这块有点不一样哦！**

**提示：** 当不能套用过去的经验的时候，告诉孩子具体的不同。

有的孩子不擅长总结过去的经验，事情发生过后便置之脑后，也有的孩子不擅长随机应变也有两种都不擅长的。

这样的孩子一旦有过成功的经验，就会拘泥于特定的方法和步骤，很难接受其他方法，不能做到具体问题具体分析。

对于这样的孩子，家长要注意让他们在平日尽量多接触新知识，多经历，让他们注意到现在的经历与过去的经历的不同。

比如，因为以前在外面吃饭，店家赠送了免费的甜品，孩子就吵着这次也要免费的甜品的时候，对他说“那天是因为店里没什么人了，才送了我们甜品，但今天是星期日，店里很忙，没办法赠送甜品的哦”，让孩子理解现在和过去的不同，或是理解对方的特殊情况，有利于孩子接受现实。

在这个基础上向孩子提意见，一起寻找解决方法，“今天该怎么办呢？估计不会有赠品了，还要去那家店吗？还是去别的店？”

## 步骤 69 平淡地重复

说话技巧 — 120 — 基础

以前 **想玩到几点啊？快上床睡觉！**

转变

当前 **九点了，该睡觉了→九点了哦→九点了哦……**

**提示：**不能让步的事情要坚持到底。

目前为止，我们的重心都是放在如何让孩子学会把握尺度和分寸，为的是培养孩子的自制力。

在这个过程中，有一些要求无理可循，“总之就是不行”。另外，在育儿中，家长也会有自己的执念和想要贯彻到底的教育方针，“作为我的孩子，必须 × × × × 样”。

顺便一提，我本人的原则就是孩子在九点前必须上床睡觉。

这么做首先是因为家里人都需要早起，但最关键的还是，我认为确保充足的睡眠时间对于孩子的健康和发育来说不可或缺，比起什么教育、治疗都来得重要得多。

所以说，在这点上没有任何妥协和交涉的余地，永远坚持让孩子们九点上床睡觉，“九点了哦，九点了哦”。大人们对于那些自己绝对不能让步的事情，只要像机器人一样平淡地重复自己的话就可以了。

说话技巧
— 121 —
进阶

以前 要到什么时候你才明白啊！

转变

当前 不许打人→不许打人→不许打人……

**提示：** 光明白了还不够，家长要陪着孩子直到他能做到为止。

“知道了”到“能做到了”之间有一个时间差，因此孩子们明白了却做不到的时候才总会去找借口。

即便如此，如果知道孩子心里已经明白了的话，家长要做的只有平淡地重复，直到孩子能做到为止。

## 育儿法则

### 妖怪璧滑法则

我上小学的时候，喜欢看的动画片里面有一只叫作璧滑的怪物，四四方方像墙壁一般的身体上长着眼睛和短短的四肢，身体坚硬，但性格温柔。

每次看到家长无论如何都必须阻止孩子的时候，我都能想起怪物璧滑的形象。因为无论发生什么事，璧滑都只会说：“璧——滑！”然后双臂张开，身体形成巨大的墙壁，绝不允许对方通行。

在平日里，家长对待孩子要随机应变、灵活一些，但到了绝不能让步的时候，还请您回想一下怪物璧滑。

说话技巧

— 122 —

实践

以前 之前不是说过了吗？

转变

当前 宝贝的努力，爸爸妈妈都看在眼里呢！

**提示：**把重要的事情挂在嘴边。

我认为如果想让孩子学会某些特别重要的想法、看法、习惯或教训的话，就要撞见一次重复一次，把这些事情挂在嘴边。比如：当孩子丧失自信的时候要多给他积极的暗示，“宝贝的努力，爸爸妈妈都看在眼里呢”“你是大器晚成的类型哦”等。

家长要不厌其烦地向孩子表达自己的爱意，重复孩子的优点，“宝贝很可爱的”“宝贝真的很聪明、很温柔”。这一点就算孩子抱怨“听够了”也要一直坚持下去。如此一来，就算离开家长身边，孩子也能在心中记住家长的教诲，这些话语会伴随他的一生，给予孩子勇气，指引他的人生方向，支撑他一辈子。

**图 5-7　向孩子表达自己的爱意**

步骤

# 70 告诉孩子他有多么重要

说话技巧
— 123 —
基础

以前 **随便你了！**

转变

当前 **宝贝真的很重要，所以妈妈很担心你。**

**提示：** 育儿中不存在绝对安全！

之前，我们看了许多培养孩子自制力的方法。如果那些方法还不够，最后只能依靠亲子之间心连心的关系来制止孩子了。

但是，这招就像传家宝刀一样，仅限孩子真的处在危险之中或家长第六感感觉到危机的时候使用，平时的话，还是要尽量尊重孩子自我意识和孩子的决定（不强迫孩子改变，但家长要坦率地传达自己的感情）。

如果家长通过日常的努力能让孩子明白他自己究竟有多重要的话，相信孩子做出极端举动的概率会小很多，但是家长一定要知道，育儿中不存在绝对的安全。

孩子可能会被其他朋友卷入恶性事件、犯罪事件之中，或是被恶人利用，甚至可能会想不开而自暴自弃……

但是，不论发生什么，家长一定是孩子最后的港湾，最坚实的后盾。

## 在学习过程中培育理性

为了培养孩子的自制力，需要让孩子通过学习来培育理性（不光是在学校的学习）。

孩子可以多读书，汲取各种知识，通过见识他人的人生，了解他人的想法来拓宽视野；也可以在一次次失败中学习如何从客观的角度来验证其他事物；还可以总结自己的想法，练习如何充满逻辑地将自己的想法正确地表达出来……这些都属于学习的范围。

真正的学习可以培养孩子理性思考的能力。

## 增加孩子的兴趣爱好

要想培养孩子自制力，除了培养理性思考的能力之外，我们还要丰富孩子的情绪。一个孩子喜欢的东西越多，珍视的东西越多，就越不会做出破坏性的举动。就像大人在生气的时候会想起重要的家人，从而选择息事宁人一样。

千万别去否定孩子喜欢的人和物，尽量尊重孩子的选择，珍视孩子的世界。运用如下方法，相信孩子喜欢的东西会慢慢变多，孩子的世界也会慢慢打开的。

- 珍视孩子喜欢的东西。
- 对孩子的兴趣和品位表示一定程度的理解。
- 不说孩子朋友或喜欢的明星的坏话。
- 时不时关心下孩子的朋友（“最近，××还好吧？”等）。

我认为，如果孩子爱自己，重视自己的身心健康，相信他也能学会如何爱他人。

难易度 ★★★

## 轻松育儿咨询室

**问：** 邻居家的孩子每天都赖在我们家。说实话，孩子和我都觉得很烦，但那个孩子看起来有些奇怪……

**答：** 立好规矩后，以第一人称的方式表示担心。

近期看起来很孤独的“小大人”变多了。我每次看到这样的孩子总会感到心痛。特别是看到他们有各种各样的事情却仍每天坚持在别人家待着不动，或是一个人孤单地在公园待到天黑的样子。

正是因为这样的孩子总是把大人的事情放在第一位，不懂得自我肯定和自尊自爱，错过了许多学习机会，所以他们才不懂得如何照顾他人和自己的感受。

他们想要的或许只是安全暖和的屋子、好吃的点心以及像您一样爱着自己孩子的家长。

话虽如此，如果别人家的孩子每天都跑来我们家，说实话真的很烦人，所以有必要让他好好地学会并遵守我们家的规矩才行，比如“可以周三来，但不能每天都来”“在我们家要守规矩（不守规矩不许来）”“我们家的门禁时间是 × 点哦，在那之前要回家”等。

对于这样的孩子，催促他时间不早了尽快回家以免家人担心，他们有可能会回应出一些让人哑口无言的话，比如，“没人会担心的”等。

这时候，看着孩子的眼睛，严肃一些，用第一人称对他说“阿姨我会担心的，天黑之前赶紧回去哦”。

但是，如果发现这样的孩子身上有淤青或是对于回家这件事有极度的抗拒感的话，请联系警察和儿童咨询室。作为大人，对其他孩子伸出的援手最终也会让孩子受益。

# 第6章 培养孩子社交力的说话技巧

本章是所有章节的实践篇。

在打开孩子世界的同时，为了减少孩子和其他人的摩擦，需要帮助孩子磨炼社交技巧，让孩子能独自应对社交场合，即掌握“社交力”。

要让孩子学会表达情绪，接受他人和自己的差异或看法的不同，学会向现实让步、妥协与交涉，掌握与他人共处的“社交力”。而这一切都来自家长和孩子日常的交流。

即便亲子之间亲密无间，家长也要认识到孩子与自己是不同的，要学会慢慢放手……相信这些努力会让未来的孩子受益无穷！

步骤
# 71 指出孩子的不足

说话技巧
— 124 —
基础

以前　**那是拜托人的态度吗？**

转变

当前　**想要妈妈干什么？**

**提示：**通过对话培育孩子的“适度感”。

无论是大人还是孩子，都要知道一个道理——社交方面的问题多半是由于不恰当的语言表达。

有些问题乍一看与对方的性格、人格相关，但追根溯源大多是发自细微的语言表达的问题，要么说多了，要么说少了。

培育孩子的“适度感”，要从日常中不起眼的亲子交流做起。比如，孩子口渴的时候说了一句：“茶！”那么家长就要引导他说出省略掉的词，“要什么？想要妈妈干什么？”直到孩子补齐句子再让他喝茶。

另外，还有别的做法。比如，附上家长的条件：“有礼貌一点儿，就给你喝”，或是端在孩子面前对他说“说‘谢谢’再给你”等类似的方法来教育孩子如何拜托别人。

特别是对于那些喜欢长话短说的孩子，他们经常会忽略他人感受，因此在他们能说出恰当的句子之前，需要稍微给他们点压力，再给他们更多的时间。

说话技巧
— 125 —

实践

以前　**你到底在说什么呢？**

转变

当前　**谁？具体发生了什么？比如说？**

**提示：**表达能力差的孩子，提醒他们注意语法和要点。

有些孩子虽然话多，但是说起话来没头没尾，没有主语也没有谓语，语速很快还说个没完，简单来说就是表达能力欠缺的孩子。

对于这种说话没头没尾的孩子，家长要先打断他们冗长的发言，提示他："谁？""发生了什么？""也就是说？""所以？"……之后再主动确认孩子话语中的要点，"就是说 ×× 喽？""原来如此，×× 做了 ×× 事了，对吧？"，等等。

多多提醒孩子在日常对话中要使用正确的语法（主谓宾），让孩子学会如何凝练语义，相信这在孩子未来的学习中会派上大用场。

另外，说话无休无止、没头没尾的另一个极端是说话迟钝。比如，总是重复一个词，"嗯……嗯……嗯……"或是说话前需要很多铺垫，"啊，那个……嗯"。

或许这是孩子在脑中搜索适当说法的表现。

对于这样的孩子，催促他们反而会适得其反，让他们更加紧张和不安，不如稍微点点头，耐心下来给他们更多的思考时间。

## 育儿法则

### 网络语言法则

现在是电子通信的时代，小孩子们喜爱的社交软件、聊天软件之中所谓的“会话”重视的是效率和视觉信息。

为了让对方快速回复自己，需要使用表情包、字符表情以及大量的网络语言。

比如，1=收到，是不是像密码一样呢？

但是，这样的网络语言需要很强的推测能力才能理解，对于那些不擅长思考或是想象力不丰富的孩子来说，用网络语言和他们对话反而是一种负担。

沟通不畅可能会间接导致双方闹矛盾或一方感到疲惫而退网等后果。

此外，在现实的交流中习惯性地使用网络语言的话，也会造成同样的后果。

因此，如果您的孩子已经完全沉浸在网络语言之中，要帮助他锻炼社交技巧，首要的就是如何改变他使用网络语言的习惯。

**图 6-1　孩子的网络语言**

难易度 ★★★

# 轻松育儿咨询室

**问：**我家宝贝不是发育障碍患儿，但和其他小朋友总是处不好关系，经常闹矛盾。这是为什么呢？

**答：**在现在的社会中，孩子是很难自然而然地掌握社交技巧的。

有发育障碍的孩子不擅长模仿其他孩子来学习社交技巧。这样说来，如果是所谓健康的孩子，应该能做到观察四周，自然学习，从而自然而然地掌握社交技巧的。

但是，在如今家庭孩子少的大背景下，孩子既没有兄弟姐妹，也没有邻居家的孩子和他做朋友，加上家长抽不出时间和他经常沟通，而且电子通信的普及让人们不再面对面交流，因此，就算不是发育障碍患儿，孩子也很少有机会模仿、学习他人的社交技巧，更难以自然而然地掌握社交技巧。

现在的孩子在社交方面容易出现各种问题，比如，说的话或做的事超过了朋友的底线，聊天的时候说得太多，玩闹的时候下手太重，不能接受除了自己以外的个性和想法等。有时甚至会因为一些小事而引发矛盾。总而言之，就是缺乏灵活思考能力。

我深切地感受到，在如今的社会环境下，不论是否患有发育障碍，孩子在面对其他人时都应该仔细学习如何灵活地思考。

为此，建议家长平时多和孩子交流。

步骤72

# 培养孩子体贴他人的能力

说话技巧
— 126 —
基础

以前 没看见妈妈现在很不舒服吗？

转变

当前 妈妈现在头痛，让妈妈休息一会儿吧！

**提示：**将“体贴代码”输入到孩子脑中。

无论是大人还是孩子，有时不太懂得察言观色（我家也一样），让人不自觉地想对他们说：“这种事情别让我说破啊，一看不就懂了吗？”对于这类人群，不要再期待他们能自己心领神会了，还是尽早告诉他们该怎么办为好。

特别是那些不擅长为他人着想、不擅长关心别人、不擅长照顾别人心情的孩子，家长要像编程一样将一个个具体的体贴行为“输入”他脑中。比如，家长因为头痛皱着眉头躺在沙发上哼哼唧唧，孩子却火力全开地在家长身上蹦来蹦去，这时家长要对孩子说：“妈妈现在头痛，让妈妈休息一会儿吧！”重点是将理由和现在的情况一并告诉孩子，如果孩子明白，则向孩子表示感谢，使其体贴的行为印象鲜明地留在他的脑中。

不过，不会察言观色也代表了孩子意志坚定，能够坚持自我，所以不用强行改变孩子的行为，只要告诉孩子当前场合下怎么做更好就足够了。

说话技巧
— 127 —
进阶

以前 太阳打西边出来了？

转变

当前 宝贝好温柔呀，谢谢！

**提示：**向体贴他人的孩子表示感谢。

当那些平日里不讨喜的孩子偶然间、突然间或一不小心做出了体贴他人的行为时，比如，帮忙拿东西（就算没多远），包括把东西递给家长，被动帮忙的也算，我们要立刻回应他：“宝贝好温柔呀，谢谢！”不要错过任何培养孩子体贴他人能力的机会，及时向孩子表达感谢。这样一来，孩子最后真的会变成一个温柔体贴的人。

## 育儿法则

### 编程法则

我家大儿子在上编程兴趣班，我时不时在旁观察，发现编程的技巧中也有许多可以作为育儿方法来参考。

编程的基础，简单来说就是不停地输入一个个指令，即某个条件会产生某个结果。进阶后，在不同的条件下不停地进行“是”或“否”选择，通过程序的随机运算产生更加复杂的功能。

对于不善于观察四周、自然学习的孩子来说，如果家长能像编程一样将各种行动的要领“输入”孩子脑中，我相信孩子是能够掌握的。

步骤 73

# 想要孩子干吗就直说

说话技巧
— 128 —
基础

以前　**好冷啊！**

转变

当前　**好冷哦，宝贝能不能帮忙把门关上呢？**

**提示：**不要吝啬语言，想要孩子做什么就直说。

请想象一下，在寒冷的冬天，您窝在温暖的暖气房里，可这时候孩子却开心地冲出房间，门也不关。这种情况，就算您瞪着孩子，用响亮的声音说："好——冷——啊！"换来的也不过是孩子的一句："对呀，已经冬天了嘛！"孩子是完全不会注意到您的言外之意的。

对于这样不擅长察言观色的孩子，比起"好冷啊"三个字，不如直接告诉他们想要他们怎么做来得更好。

不要吝啬您的语言，想要孩子做什么就直说，如"好冷哦，宝贝能不能帮忙把门关上呢？"

缺乏有效沟通双方都有责任。所以就算偷懒做家务，也不要在语言上偷懒，具体到想让孩子怎么做，以减少日常的负担。

## 使用简单易懂的语言解释言外之意

当对方不能理解自己的言外之意时，人们通常会将所见所感用简短的语言解释给对方听。

就像和外国人交流时一样，要想让对方明白自己的意思，就要用简单易懂的语言来传达才行，否则做不到双向的有效沟通。也就是说需要给对方解释言外之意。

对于那些不擅长察言观色的孩子，我们就要像和外国人沟通一样，要意识到对方是不会对自己的意思心领神会的，从而采取更加易懂的语言进行交流。

孩子的沟通能力就和英语能力一样，取决的就是实际应用的次数，实践得越多能力就越高。

**表 6-1　言外之意的解析**

| 以前 | | 当前 |
|---|---|---|
| 帮我看着火！ | ▶ | 水烧开到快要溅出来的时候，可以帮妈妈调成小火吗？ |
| 别捣乱！ | ▶ | 能不能站到旁边让妈妈过去一下？ |
| 房间太乱了！ | ▶ | 把掉在地上的垃圾丢到垃圾桶里，然后把书摆回书架！ |
| 真不像话！ | ▶ | 把衬衫下摆塞到裤子里，然后把扣子扣好，这样看起来更好看哦！ |

难易度 ★★★

## 轻松育儿咨询室

**问：** 我家孩子被确诊为ASD，也就是所谓的自闭症，和他待在一起总是感觉很累，怎么办？

**答：** 自闭症孩子更喜欢的是聊双方都感兴趣的话题。

首先，感谢这位家长一直以来的努力。您之所以会感觉到疲惫，是因为总是在推测孩子只言片语背后隐藏的意思，不自觉中就把自己的事情和心情抛在脑后了吧（仅仅是从我的经验上来看）。

毕竟在交流过程中双方做不到相互理解，从而导致其中一人单方面压抑自己，从而忽略自己的内心。

如果在这之前，您和孩子已经建立了坚实的依恋和信任关系的话，建议您坦率地说出心里话，如“妈妈讨厌这样”“烦死了”“不想干”等（但要注意不要过于情绪化）。

孩子也是一样，如果身边的人总是在意他的感受，就算他的要求和主张都得到认可，但如此单方面满足的交流只会让他感到孤独。聊双方都感兴趣的话题对于他来说才是更好的沟通方式。

我和自闭症孩子交流时，总是把他们想成是外国人或外星人。就是想象他们是不懂自己语言（或者是操作系统）的人，和自己在文化、思考方式上是有差异的。

在多语言、多文化的环境下生活的外国人，会努力将自己的所思所想用语言清晰明确地表达出来。

手机的语音人工智能和智能语音助手刚被发明出来的时候，说话并不流畅，但它们通过学习后也取得了极大进步。

面对外星人一般的孩子，就算他们怎么都不明白我们的意思，我们也可以安慰自己："毕竟是外星人嘛，没办法的事。"对吧？

育儿是持久战，所以请不要太过压抑自己的内心。

步骤 74

# 培养孩子的场合意识

说话技巧 — 129 —

基础

以前 **注意场合！**

转变

当前 **现在是做 ×× 的场合。**

**提示：** 只要孩子没有恶意，适当提醒孩子现在是干什么的场合就好。

我家曾发生过这样一件事。那天一家人聚在电视机前观看悬疑剧的时候，大儿子突然开口自顾自地说起今天发生的趣事，结果收到的只有全家人的怒视……

这种场合下，当事人没有恶意，他单纯只是没有注意到周围的情况罢了。

所以，这种时候我们应该向孩子说明现在是什么场合，“现在大家在认真地看电视剧呢”。如果这样本人都没察觉到的话，我们就将言外之意也好好地表达出来，“现在正是重头戏呢，安静一点儿”。

如果孩子这时候能为了其他人忍住说话的欲望的话，别忘记向他表达感谢：“谢谢宝贝。”（回头别忘了好好倾听他想说的趣事！）

这样一来二去，孩子就能明白什么样的场合下自己该怎么做了（看悬疑剧的时候不可以闲聊等），在这之后家长只需要拍一拍孩子肩膀，给孩子一个眼神，孩子就明白该怎么做了。

说话技巧
— 130 —
实践

以前 **能不能为他人着想一点儿啊？**

转变

当前 **猜猜主人公现在在想些什么呢？**

**提示：**帮助孩子练习如何揣摩他人的心情。

对于那些我行我素的孩子来说，察言观色、根据场合随机应变是一件很难的事。

面对这种类型的孩子，家长可以通过引导孩子推测电视剧、电影里面登场人物的心情，如“猜猜现在（电视剧中）是什么场面”“猜猜主人公现在在想些什么呢”，让他们练习如何揣摩他人的心情。如果孩子喜欢悬疑剧或推理剧的话，练习效果更佳。

另外，如果孩子不擅长观察，可以引导他们向身边做得好的小朋友看齐，“快看，××在干吗呢？”在孩子身边树立榜样也是个不错的方法。

但是，所选择的榜样要看孩子是否接受。比起大人喜欢的“优等生、模范生”来说，反而是孩子抱有好感的小朋友或是熟悉的小朋友更适合成为榜样，因为这样他们更放得下面子来模仿。

在日常生活中不断积累类似的经验，相信我行我素的孩子慢慢也能做到为他人着想。

难易度 ★★★

## 轻松育儿咨询室

**问：** 我家孩子是中学生，性格有点死脑筋，而且我行我素，不太能融进班集体，总觉得他有点游离在集体之外，怎么办？

**答：** 在容易多愁善感的青春期里居然没有被团体心理所支配，这是很棒的长处。

性格严肃认真、我行我素、不太能察言观色的孩子在进入青春期之后，往往会有很多社交方面的烦恼。

对于中学生群体而言，在社团里有要顺从学长、学姐等烦琐的潜规则，在班集体里也总是充满“谁喜欢谁”或“谁没回复谁”的流言蜚语。

而这种类型的孩子游离在同学之外，时刻承受着疏离感和压迫感（我也有过类似的经历）。

但是，不会察言观色反过来说就是不会被团体心理支配，是一个难得的长处。严肃认真、我行我素的孩子不会参与同学间的恶作剧，不会被迫参与霸凌。即便班级秩序乱成一团，他也能一个人在角落默默地按照自己的节奏学习下去。

因为青春期也是容易产生坏心思的时期，多数人的意见并不总是对的。人根据不同的场合也有采取与集体相悖行动的必要。

为了不在社交方面出现太大障碍，有必要让孩子掌握一定程度的常识、礼仪和处世之道，告诉孩子在什么场合下该做什么事，“这种场合下，只要这么做就行了”这样就足够了。

出淤泥而不染，请把孩子这点长处视作珍宝，好好地保存下去。

步骤

# 75 提醒孩子尊重其他人的感受

说话技巧

— 131 —

基础

以前 **这种事情不能问的！**

转变

当前 **有些孩子不喜欢别人问他这种问题。**

**提示：**提醒孩子其他人也有自己的感受。

大家都在无意间说过伤害他人的话语吧？也不是说了什么坏话，只是没想到自己的话会给他人带来那么大的伤害。这是因为人与人之间对同一事物的感受、理解不同，以及每个人的背景、立场不同。比如，有的孩子出成绩了就喜欢乐呵呵地告诉别人自己的成绩，而有的孩子无论成绩好坏都是避而不谈。

通常来说，大人可以通过自己的经验判断谁可以谈什么话题，什么是他的禁忌。但是，孩子的人生经验不足，而个性与成长环境越是特殊的孩子，就越是会将自己的意志强行套用在别人身上，说出来的话就越是缺乏关怀和体贴精神，从而引发矛盾。

对此，家长要及时告诉孩子他的行为会让对方胡想，“有的人不喜欢这样的”“有时候事情也会变成这样的”，提醒孩子注意其他人的感受、立场、难处。这样的过程积累下来会有利于孩子培养为他人着想的习惯。

## 在游戏中理解“差异”

想教育孩子明白道理，诸如人与人的思考方式是不同的，以及人出于不同立场重视的问题也是不同的，可以通过寓教于乐的方式达到目的，如玩游戏，推荐首选电子游戏和模拟类游戏。

可以选择不同的主角、队伍和开局的角色扮演游戏、模拟类游戏，主打冒险、技巧、战略、恋爱等题材，娱乐性高，因此容易找到符合孩子兴趣的特定游戏。

另外，传统的将棋、扑克以及近些年出现的许多别出心裁的模拟桌游、卡牌游戏等，都可以给孩子提供一个平台，让他练习如何揣摩不同人的心思，还能快乐地学习如何与他人交涉，如何和他人斗智斗勇。

另外，舞台表演任务、模拟法庭辩论可以站在不同性格人物的立场及不同角度思考问题，都是让孩子体验他人心理活动的有效方法。

## 对于极端的人需要现实一点对待

有时候就算孩子已经很注意自己的言行了，有的人还是会莫名其妙地突然大发雷霆。

这样的人或许是因为在之前的生活中经历过许多伤心事，出于自我防卫才会对他人话语中的细节反应过度，看待事物也十分极端。话虽如此，如果总是小心谨慎只为了不伤到对方，搞得自己举步维艰，反而是一种巨大的消耗。所以，对待这样的人有必要从现实角度出发，在不勉强自己的前提下和他们交往。

即便如此还是激怒了对方的话，干脆把问题抛给对方，告诉孩子

**说话技巧**
**— 132 —**
**进阶**

以前 **为什么当时不让他住口呢？**

转变

当前 **这种时候你要对他说：他这样的行为会让你 ××，叫他不要再说了。**

**提示：**告诉孩子具体该怎么说才能让对方明白。

“这是他自己的问题”，让孩子早些转换心情为好。

反过来说，有些小朋友无意间的话也会让自己家的孩子受到伤害。就算对方没有恶意，但是如果不明确地告诉他这样说不好，他是不会注意到自己的问题的。

此外，还有些小朋友，别人让他别再说了，但他还是越过对方的底线，别人生气了他还感到莫名其妙，不知问题出在哪里。

如果您的孩子也遇到了这样的朋友，而且也因为朋友的言行而感到苦恼的话，可以尝试教孩子具体该怎么说才能让对方明白。

关键在于要使用具体的语言，如“为什么你这样的行为，会让我 × ×”。

有些时候，光说一遍对方是不会记住的，需要不停地重复自己的心中所想，渐渐地对方也能明白人与人感受的不同。

没有必要为对方着想而单方面压抑自己的情绪。

和大人的世界不一样，如果对方真的是孩子的好朋友的话，应该会觉得孩子明了地告诉他自己的情绪是一种表示亲切的行为。

## 接触多样的看法、想法

想要让孩子理解他人与自己的感觉、想法是不同的，就需要从平日开始努力，在日常会话中，让孩子接触世界上各种各样的看法和想法。

推荐那些不擅长与人交往的孩子多看书，多看报，这样在家也能扩展视野、增长见识。

和孩子谈论自己身边的事情或是世界上发生的事情，和孩子一起推测事件的背景、相关人物的想法，“可能是这样，也可能是这样”（要注意，不能把自己的想法强加到孩子身上）。

另外，要不露声色地提醒孩子各种事件背后都有特定的文化背景，每个人都有自己的思考方式，“妈妈不在乎，但别人不一定这么想”“这种事在日本倒是没关系，但在其他国家可能会演变成大事件呢”。

但是，不是谁都能准确地猜中别人的心思。除了本人以外，没人会知道当事人到底是怎么想的（有时候，就连当事人自己也搞不清楚）。

即便如此，想象他人的感受，然后努力去理解他人是个非常重要的过程，这能让孩子懂得他人与自己的心是不同的。

孩子在婴儿时期是以自我为中心的，随着成长慢慢地开始放眼四周，在青春期就会注意到他人与自己在感受、思考方式上的不同。

在将自己和他人分割开来的循环中，虽然有时会豁然开朗，有时会产生叛逆精神，有时还会有那么些寂寞，但慢慢地就会成长为真正的大人。

步骤

# 76 常识也是一种知识

说话技巧
— 133 —

基础

以前 干这种事羞羞脸哦！

转变

当前 中学生还这么做，别人会认为你 ×× 样的。

**提示：**将常识作为知识传授给孩子。

就算家长对孩子网开一面，认为孩子有些特别的地方是他的个性，但现实中的人们可不一定和孩子家长一个想法。

特别是那些沉浸在自己世界里的孩子，小时候可能还没事，可一旦进入中学或许会受到他人的排挤。但是这种类型的孩子并不能注意到周围目光的变化，他们也只是稍微引人注目，但有时候这种个性会引发不必要的矛盾。

面对我行我素的孩子或是由于各种理由不能自然而然地掌握常识的孩子，家长应该将常识作为知识传授给孩子，告诉孩子其他人会如何看待他的行为，“这样做（的态度），大家才能理解你”。

虽然过于在意周围人的目光会让人压力很大，但是为了避免因不知道、没注意到而引发的麻烦，有些事情还是事先告诉孩子比较好。

说话技巧
— 134 —
实践

以前 **这样子会让别人觉得你很邋遢哦！**

转变

当前 **嗯，好吧！**

**提示：**掌握常识没什么坏事，但常识也不是绝对的。

虽然掌握常识不是什么坏事，但没必要一板一眼，要求孩子完全按照常识行动。

孩子长大了之后，如果孩子明知故犯，逆常识而行，就是他自己的责任。比如，孩子不喜欢把衬衫塞到裤子里，家长要告诉他："不把衬衫塞到裤子里，别人会觉得你很邋遢。"可孩子依然坚持这样穿（孩子心里肯定觉得把衬衫塞到裤子里的做法很过时）。

如果孩子的个性给周围人带来麻烦（红白喜事、学校活动等场合）或是会给他人留下不好的影响，对自己不利（面试等场合），参考"理由要说得具体些"和"告诉孩子前因后果"中的说话技巧，提前和孩子进行沟通。

但是，如果孩子的自我主张是完全无害的，而且孩子清楚这样做是违反常识的，那么请尊重孩子的行为，宽大处理："嗯，好吧。"

就算孩子因此被管纪律的老师教训了，也是他自己的责任，对吧？

## 当家长对自己的常识没有自信的时候

有的家长想教授孩子所谓常识是什么，但对自己知道的常识却没什么自信，这种时候我们可以学习如下方法。

- 和孩子一起学习、观看指导书或视频。
- 和孩子一起参照各式调查数据，如“有70%的人这样想”，通过数据来感受普遍常识。
- 询问身边的人：“这种情况下该怎么做？”

试着重新学习一遍世间的常识，或许会让自己恍然大悟（从我的经验来看）。

### 育儿法则

#### 纽约小伙法则

在日本，如果有一个成年人在路中央边走边哼歌，恐怕周围的人都会刻意避开他，但这在其他国家说不定只是司空见惯的场面。

二十年前，我曾在美国度过了一段悠闲的时光。有一次，我去人来人往的纽约步行街闲逛，看到一个扛着录音机的小伙子。录音机大声地放着音乐，小伙子轻快地跳着舞步，仿佛要吸引所有人的目光。然而，周围竟没人看小伙子一眼，这给当时的我造成了极大的冲击。

这件事让我明白，我们所坚信的常识或非常识并不是绝对的，是会随着时代和环境的变化而不断变化的。

步骤 77

# 辩证地看待事物的两面性

说话技巧
— 135 —
基础

以前 不行，马上住手。

转变

当前 你这样做的好处是 ××，坏处是 ××。

**提示：**告诉孩子行动的利弊，让他自行判断。

不光是孩子，大人有时候也会被好处或坏处蒙蔽住双眼。仅从一个角度看待事物，在思想上容易钻牛角尖（特别是性格纯粹专一的人，一定要注意，以防上当受骗）。

从买东西到找工作等一系列人生的选择上，要是孩子能客观地权衡利弊，自己做出选择，相信今后不论结果如何，孩子都不会后悔。

家长要多多实践“全面地看待孩子的优缺点”的说话技巧，有利于培养孩子辩证地看待事物两面性的能力。

如果感觉孩子总是十分片面，家长可以施以援手，先告诉孩子事情的利弊、得失、积极面与消极面等信息，“你这样做的好处是 ××，坏处是 ××”，再让孩子自己做决定。

## 制作利弊表

想要孩子练习辩证地看待事物的能力，推荐制作利弊表或得失表。和孩子一起，将双方能想出的好处、坏处都写出来制成表格，然后每一项都打上分数。

比如，如果孩子超级想要电视购物节目上推荐的魔法平底锅，觉得必须得买这个锅的时候，可以制作成下列利弊表（我家的例子）。

**表 6-2　利弊表**

| 好处 | 得分 | 坏处 | 得分 |
|---|---|---|---|
| 不粘锅 | +9 | 不能使用金属锅铲 | -10 |
| 便于清洗 | +8 | 火力不能过猛 | -9 |
| 锅底不会有黑垢 | +9 | 同样的钱可以买很多普通的平底锅 | -10 |
| 合计 | 26 | 合计 | -29 |

结论：现在的平底锅用坏了再买新的。

就像这样，做决定前要客观地对比好处与坏处。等孩子习惯看待事物的两面性之后，相信他们不用制作表格就能在自己脑子里权衡利弊。

## 育儿法则

### 情人眼里出西施法则

情人眼里出西施，意思是如果喜欢对方，会觉得对方无一处不美。反过来说，如果讨厌一个人，就会讨厌他的一切，包括他身边的东西，用成语说就是恶其余胥，即连他所住的地方的墙壁都厌恶。

这些都是先人的教诲，告诉我们如果一个人被强烈的感情所操纵，就容易变得片面，钻起牛角尖来。

这样强烈的情感，有时能让我们朝着积极的方向努力，但有时候，这样的感情会被周围人误解，驱使自己把自己逼入绝境。比如，一开始孩子只是讨厌某一个小朋友的某个缺点，但是如果总是在意他人的缺点，最终可能会演变成“讨厌某个小朋友”→“讨厌某个群体的小朋友”→“讨厌班级、讨厌学校”，最后沦落到孤身一人的地步。

或者是，孩子和朋友打架了，但家长坚决维护自己的孩子，认为孩子并无过错，把错都推到其他孩子和学校身上。这样的话，容易受到其他孩子家长的排挤，在老师中的风评也会变差。

这些已经不是冲动购物，不小心买了个平底锅那么简单了。在人际关系上面钻牛角尖的孩子和大人容易被孤立、被排挤，而且想要解除和周围人的误会也是件十分困难的事情。

想要练习如何“辩证地看待事物的两面性”“多角度看待事物”，首先要从日常的小事做起，不断积累经验，比如，日常购物、选择出门地点等。相信这些经验在今后面对复杂的人际关系时会派上大用场。

# 步骤 78 帮助孩子认清实际情况和感受的区别

说话技巧 — 136 —

基础

以前 什么？他居然敢嘲笑你？

转变

当前 为什么你觉得他嘲笑你呀？

**提示：**和孩子进行共感的同时，不要忘记分清实践情况和孩子的感受。

有时候，孩子会和大人倾诉自己悲伤的心情，“谁笑话我了”“谁无视我了”等。相信家长听到这样的事心里都会觉得不舒服吧。

但是，家长要想到更多的可能性。对方有可能是真的嘲笑了孩子，真的有意无视了孩子。对方也有可能没有恶意，只是因为一个偶然的理由笑了出来，或是单纯没注意到孩子向他搭话而已。

所以这种时候要确定的是，事情发生时前后的情况、对方具体的言行（实际情况）和孩子是如何看待这件事的（感受）。

首先，参考“孩子说话的时候不要否定他”（步骤12）、“和孩子共情”（步骤13）等说话技巧，对孩子的感受表示理解。

等孩子冷静下来了，再开口和他确定实际情况，“为什么你觉得他嘲笑你呀？”帮助孩子梳理事实的时候，要记住不要去否定孩子的感情和感受，“原来如此，他××（言行）了，你才感觉到你被嘲笑了”。

## 分清实际情况和孩子的感受

青春期的孩子心理敏感，容易受伤，这一点让家长们感觉非常棘手。

更不用提那些原本就内心纤细的孩子和那些身心受到过严重伤害的孩子（遭遇大量失败、被严厉斥责过）。他们进入青春期会为了保护自己，采取自我封闭的态度。

处在心理敏感时期的孩子，会因为一丁点儿刺激（别人不经意间的一句话、一个表情、一个态度）而回忆起过去那份强烈的感情，他们的想法十分极端，容易夸大事件、误解他人。

这样的他们还容易被他人误解，不仅本人要屡次品尝被厌恶的情绪，还会遭到群体的孤立，进一步加剧他们的痛苦。

在事态严重化之前，家长应该帮助孩子从那些随处可见的误会开始，练习如何分清实际情况和感受，有利于孩子重回正轨。不过，如果孩子的症状看起来相当严重的话，建议尽早寻求儿童精神科、心理内科、心理咨询等专业人士的帮助。

还可以运用下面介绍的方法来帮助孩子训练分清实际情况和感受的能力（但是，如果孩子一个人练，有可能进一步加剧孩子的症状，所以推荐大人辅助孩子练习）。

- 将孩子在意的事情写在便签或笔记本上，然后分成“实际情况”“孩子的感受”“对方的感受”三个部分。
- 看新闻解说和新闻评论栏的时候，时不时和孩子讨论实际情况是如此，还是评论员的感受是如此。

步骤 79

# 部分与整体的切换

说话技巧 —137— 基础

以前 **你想太多了！**

转变

当前 **大家是指谁和谁呀？**

**提示：** 拓宽视野，引导孩子从整体的角度看待事物。

当孩子思想钻牛角尖，脑子被一件事塞得满满的时候，是看不到其他的信息的。

就算事实就是如此，但如果用放大镜观察的话，事实中的一部分就会被无限放大，自己心灵的视野反而会缩小。这种时候，家长应该引导孩子从整体的角度看待事物，这样孩子才能及时放下心结。

比如，孩子诉苦说自己被别人嘲笑了，这种时候重要的是确认嘲笑他的人有多少，“大家指的是谁和谁呀？”是全班，还是仅仅有几个人，人数不同，严重性也就不同。

当然，就算嘲笑小孩的只有几个人，孩子的的确确感受到了冒犯和厌恶。大家要表示对孩子的理解，同时引导孩子从整体的角度看待事情，“那么其他的小朋友有笑话你吗？”“谁没有笑你呢？”（如果孩子本人受伤十分严重，归为校园欺凌处理。）

**说话技巧**
**— 138 —**
**实践**

以前 **别闹了，快去上学！**

转变

当前 **妈妈知道了，你讨厌那所学校对不对？**

**提示：重要的问题要从部分的角度来看待。**

如果孩子在学校遭遇了太多的痛苦和失败，那么他讨厌的对象则会从部分扩大到整体（所有的学校、所有人等），进一步加剧孩子的消极情绪。

但是，前文已经说过很多次了，这时候不要否定孩子的感受，要对他的情绪表示充分理解。

在这个基础上引导孩子从整体回到部分（具体事实），“不想上学！”→“宝贝讨厌那所学校，对不对？”“大家都不理解你！”→“A和B不理解你，对不对？”

毕竟，现在孩子所在的学校不能代表所有的学校，大家之中也包括那些好人、无害的人。一概而论往往会忽视掉这些有益的部分。

孩子盯着部分的时候，就引导他看整体。孩子从整体出发，要一概而论的时候，再引导他看向部分。这样的过程，可以起到培养孩子心灵韧度的作用。

引导孩子在整体和部分之间自如地切换，等孩子能控制自己的注意力后，就不会再逼迫自己。当他再次遇到问题的时候，也能更加顺利地解决。

## 劝说无效时，可以调动孩子的感官

孩子（大人也一样）想不开的时候，是很难自己摆脱消极情绪的。他听不进去周围人的话，也很难做到灵活地看待事情。所以说，日常的训练非常有必要。

在这种情况下，家长要调动孩子的感官，比如给孩子零食吃、打开窗户、邀请孩子去散步等，通过物理方法让孩子获得喘息的机会，打开孩子的视野，这样孩子自然而然就会注意到其他人了。

### 育儿法则

#### 散装零食法则

回想一下，市面上是不是有很多散装售卖的零食呢？当你面前有一整包零食且孩子不在你面前时，你通常会因为心理愧疚而选择不吃这包零食，但如果零食是散装的，你就会不自觉地拿几个品尝一下。

套用到人际关系上也是一样。当你对整体抱有不好的印象时，那就选择散装，也就是将人从整体中划分出来，可能会意外地发现有很多人还是可以相处的。比如，自己对某个妈妈群体抱有不太好的印象，“那些人总是聚在一起，神神秘秘的，让人很反感”，但如果试着和群体中具体的人交往一下，说不定会发现自己和对方还挺合拍。

归属于某个群体就有相应的责任，与其全都拒绝，不如试着和具体的某个人交往，这样才能更透彻地了解对方。

为此，我们需要从称呼上下功夫。不要说什么大家、你们，要具体到每个人的名字，用名字来称呼对方。

步骤 80

# 让孩子学会妥协

说话技巧 — 139 — 基础

以前 **总是计较来计较去的，这样不行！**

转变

当前 **谢谢宝贝的让步。**

**提示：**不要忽视孩子妥协过的小事。

如果您一直都在坚持“表达谢意”“破除孩子的执念”“给予孩子忍耐的奖励”等，相信现在不论遇到什么事情，和孩子之间都会有很大的商量余地了吧（大概是这样）。

让我们更进一步。维护良好人际关系的技巧在于不要放过对方小小的妥协，及时向对方表示感谢，说声“谢谢（您的让步）”。

特别是对于那些固执的有完美主义倾向的孩子来说，为他人让步和妥协就像是要他们的命一样痛苦。

追求完美、决不妥协、决不让步，这些特质可以说是匠人精神的体现，是将来工作所需要的优秀的素质。但是放在人际关系上面，反而是油盐不进的代表，会被他人敬而远之。

让孩子多多练习在社交时如何做出妥协，有利于将他难得的个性转化为优点。

说话技巧
— 140 —
进阶

以前 **呀！太阳打西边出来啦？**

转变

当前 **宝贝真厉害，能主动去做自己不喜欢的事情。**

**提示：**孩子的忍耐和妥协体现出对现实的适应力。

当孩子能好好完成他不喜欢、不擅长的事情（整理房间、做作业等）时，就算稍微带点抱怨，家长看到也会安心不少。

毕竟，即便孩子将来幸运地从事了自己喜欢或擅长的工作，也有些工作内容是他不擅长的、不喜欢的。

比如，某个孩子性格安静，不擅长和人交往，但可以一整日投身在工作之中。这个孩子如果成为研究员，他的工作也不可能只有研究室的研究。

从现实来讲，人如果没有最低限度的交流能力，以及对事物的管理能力等，是很难在社会独自生存下去的（这点对于我这样在家工作的人也是一样的）。

为了让自己能做自己喜欢的事情，在自己不喜欢、不擅长的事情上让步和忍耐，这体现的是一个人的现实适应力。

所以，就算孩子满口怨言，但如果他做出了让步与忍耐，家长就应该大方地给予表扬。

## 育儿法则

### 糯米团子和仙贝法则

孩子，特别是进入青春期的孩子，如果周围人（或是自己）给他施加太多的压力和期待，那么孩子的思想就容易偏激，容易走进无法回转的思路之中。

这样的孩子在做选择时都比较极端，比如，“不去学校就去死”“如果没考上重点高中，人生就废了”等，还容易误解、曲解他人的意思，患上抑郁症、适应障碍等精神疾病的概率也比较高。

为了避免孩子走向极端的道路，我觉得有必要培养孩子“糯米团子”一般的性格，即能够做出些许妥协、不过度追求完美、善于见好就收、能够做出中间选项等。

反之，如果孩子像仙贝一样，虽然平时看起来坚韧无比，但遇上巨大压力的时候反而会啪地一下裂开。所以，就算孩子天性顽固不化，大人们也可以多尝试温暖孩子的心，“谢谢宝贝”“就算结果不如人意，但宝贝的努力是不会变的”等。

孩子搞砸的时候，家长要包容他的失败，“没关系”“没办法的事啦”“船到桥头自然直”。说不定这样一来孩子就能变得“外刚内柔”，成为真正的强度和韧度兼具的“糯米团子”型人格。

不过，我觉得仙贝其实也不赖。特别是入味过后的仙贝饼，真是一大美味呢。

图 6-2　糯米团子和仙贝法则

难易度 ★★★

# 轻松育儿咨询室

**问：** 我家孩子是独生子女，不知是不是太惯着他了，十足的任性，上了初中之后变得有点不想上学。而同龄的孩子看起来都很成熟，我感到很着急。怎么办？

**答：** 把握理想与现实的平衡，适当放手让孩子自由成长。

我认为您能够好好表达对孩子的爱，让孩子成长在爱的环境中，这非常棒。但是，进入青春期的孩子应该认识到不是所有事情都像他所想的那样顺利，家长的表扬也不是一切。直面现实才是正道。

有兄弟姐妹的孩子以及和其他同龄人一起成长的孩子，一直在和别人争夺玩具和家长的爱，在一次次的冲突与和解中，学会了要向现实妥协的道理。懂得适应现实，就是这些孩子看起来成熟的原因吧。

但是，如果孩子周围的人都围着他转（不仅仅是独生子女），总是在帮他逃避麻烦和不擅长的事，那么他所拥有的自尊和自信不过是没有现实依据的虚幻缥缈之物，他也根本没有靠自己的努力获得过真正的实力（自我效能感）。等现实和理想拉开差距之后，他容易对学校等环境因素产生不满，无法与其他人构建平等的关系（生来优缺点明显的孩子也会有同样的倾向）。想必这样的孩子会感到郁闷，“为什么没人懂我”“本来不该如此的”。

因此，我认为非常有必要引导孩子走出虚幻的理想世界，让他直面现实。等孩子和理想中的自己和解之后，再慢慢放手即可。

请放心，您的孩子在本质上还是一位坚强的孩子。

步骤 81

# 引导孩子询问他人情况

说话技巧
— 141 —
基础

以前 **别擅自挪用！**

转变

当前 **去问问店员能不能用这把椅子。**

**提示：**从小事开始培养孩子询问的习惯。

如果家长多多“尊重孩子的意愿”“让孩子自己做出选择”“采纳孩子的意见”“询问孩子的情况”，那么孩子慢慢就会懂得别人和自己是不同的，每个人都有每个人情况的道理。

即便这样，有些孩子还是喜欢采取自私的、以自我为中心的行动。当然，这也算是孩子的优点，说明孩子能大方展示自己，还兼具行动力。但如果完全无视他人的心情和难处，这些难得的领袖级别、变革者级别的素质也无用武之地。

所以，家长平时要注意多引导孩子询问他人情况，孩子也能有更多发挥长处的机会。

比如，在餐饮店就餐时，旁边空着一把椅子，这时候和孩子说一声：“去问问店员能不能用这把椅子。”让孩子去征求许可等，从身边的小事开始是最好的。

## 不懂就问

那些不懂察言观色、不能注意到四周变化的孩子，如果能养成“不懂就问”这一简单的沟通习惯，将来必定有利于他立足社会。

处世规则、社交礼仪、对方的心情等，不懂的话就去向长辈请教、去网上搜索、去发帖问，甚至可以直接询问对方，只要孩子敢开口！

一开始，家长可以在旁提供帮助，告诉孩子该如何询问，询问谁等，直到孩子养成习惯后就可以放手了。

只要能做到这一点，就算孩子有些我行我素，也能获得他人的信赖，不懂得察言观色也会转变为孩子的优点。

下面是一些能够巧妙询问对方情况的句子示例。

询问对方方便与否。→现在方便××样吗？

社交礼仪相关。→请问是否有着装要求？

确认以及让对方确认。→这样子可以吗？

为对方的预定着想。→有空吗？方便说两句吗？

询问对方的感受、想法。→我想这样做，你觉得怎么样？

让对方帮忙做出选择。→哪个比较好？

步骤

# 82 让孩子学会交涉

说话技巧

— 142 —

基础

以前　**不可能，做不到！**

转变

当前　**我答应你××，然后你帮我××，如何？**

**提示：**积累交涉经验。

“改正孩子爱哭闹的坏习惯”中说到家长的关注点和着力点应该是孩子哭闹的事前和哭闹的事后。

将这个方法升级一下，通过事前和事后的交涉，让事情圆满收场。希望大人和孩子都能掌握交涉能力，这样在人际关系方面的麻烦会少很多。

首先，家长要给孩子演示如何交涉。“交涉”乍一听很难，但本质就是“商量”。

所以，只要我们先开口，相信对方能够理解我们。积累交涉经验，会让今后人与人的交往顺利得多。比如，当孩子有什么想做的事情的时候，不要不分青红皂白地否定他，要提出现实可行的交换条件，如“我答应你××，然后你帮我××，如何？”不停交换意见，直到达成一致为止！

说话技巧
— 143 —
进阶

以前 **不许耍小脾气！**

转变

当前 **理解一下妈妈的难处，这次因为 ××，真的不行。**

**提示：**大人也要诚心诚意地解释理由。

家长因为自身原因无法实现孩子的愿望，孩子那愤愤不平、怨天载道的样子，看着都想把他的嘴堵上。不过，还是建议参照“理由要说得具体些”“告诉孩子前因后果”等一系列说话技巧。

当我们不得已必须拒绝孩子的要求的时候，态度一定要严肃诚恳，要向孩子表示抱歉，好好解释原因，请求孩子配合。

孩子长大一些之后，想要拿动画片这样骗小孩的东西来讨他们的欢心是不可行的（我以前的撒手锏就是托马斯小火车的DVD来着）。

如果您也是这么觉得的，说不定您也迎来了需要改变自己对待孩子的方式的时期。把孩子看成和家长对等的完整的人，而非年幼的孩童。

在孩子的要求之外，如果您也不想强行打压孩子想法的话，可以将孩子想象成自己的同事、朋友，思考该怎么和孩子对话。

用诚实严肃的态度说话，相信孩子能够理解。

说话技巧

— 144 —

实践

以前 **好好好，就按你说的做。**

转变

当前 **就算你讨厌，也要去做，就忍一下下。**

**提示：**孩子耍小性子也别向他屈服，让孩子自己做好觉悟。

交涉很重要，但是家长不能因为孩子耍脾气就屈服，尽量避免答应孩子不正当的、过度的要求，避免帮孩子包办他嫌弃但又必须做的事情。

这样的行为容易误导孩子。

孩子会误认为只要耍一耍脾气、闹腾一下、弄出点儿骚动，家长就能给他想要的东西，就能帮他搞定讨厌的事情。最终产生更加过分的不正当的要求和不恰当的行为。

想要在社会上生存下去，就要面对许多令人厌烦又不得不做的事情。

家长可以好好倾听孩子的不满，想办法帮孩子减轻负担，甚至是和孩子一起行动，但是，一定要坚守底线，不能让步的地方就决不让步。

孩子看到家长毅然决然的态度，他们自然会明白喜不喜欢都要忍耐、凡事都有个度的道理。

“就算你讨厌，也要去做”“就忍一下下”“下次再说”“那样不行”等，要用坚定、不容反驳的口气把这些话说与孩子听，让他自己做好心理觉悟。

之后，孩子如果履行了自己的义务和责任，家长就要比平时更多地赞美、犒劳、感谢孩子。

难易度
★★★

# 轻松育儿咨询室

**问：** 我家宝贝患有发育障碍，从小学到初中都得到了“通常级”援助，但我非常担心他初中毕业之后的道路，该怎么办？

**答：** 自立的关键在于最低限度的生活技巧和沟通能力。

有些患有发育障碍的孩子从小学到初中都可以得到包括通级指导教室在内的各式援助，顺利地完成义务教育。但是，等到初中毕业后，他们将很难再得到社会提供的类似援助。

面对这样严峻的形势，家长感到担心是理所当然的。但是，可供选择的出路可不光只有公立高中，私立高中、职业学校等都是备选。家长完全可以根据孩子的个性灵活地进行选择。

除了学习之外，为了培养孩子的自立能力，家长要坚持不懈地对孩子进行相应的教育，需要时可以借助外部的力量。

在家庭生活中，家长要耐心地传授孩子最低限度的生活技能，如做饭、购物、理财等。在日常生活中，遇事多和孩子沟通，让他学会适当的让步和妥协非常重要。这一点可以借助外部力量，如学校心理咨询室、医疗机关、支援机关、民间组织等。

不管从事什么工作，如果一个人没有沟通能力，为人顽固，想必人际关系也是一团糟。相反，如果具备一定程度的沟通能力，就算本人稍有一点儿个性，也不会有人计较的。

## 步骤 83 练习如何拒绝他人

说话技巧 — 145 —

基础

以前 你不喜欢就说不喜欢。

转变

当前 没有面包了，明天早上喝西北风！

**提示：**从小事开始锻炼孩子拒绝他人的能力。

那些温柔过头的孩子，乍一看还以为他们在班级里过得还不错。但是这样的孩子容易压抑内心的情感，还会为了不让家长和老师担心，把遭遇的压力和问题独自咽进肚子里。

面对这样的孩子，请参考“孩子说话的时候不要否定他”“和孩子共情”等步骤，告诉孩子不要否定自己的感情。慢慢下来，孩子就能学会如何敞开心扉，表达自己内心丰富的情感。

但是，如果孩子还是苦于没有勇气对朋友说“不”的话，家长可以让孩子从身边的小事开始，练习如何说“不”。只要孩子说出口了，家长就给予认同。

无聊的笑话或是吐槽孩子都可以说。比如，“没有面包了，明天早上喝西北风”等。

这种练习就像演员排练台词一样。不停地重复，自然而然就能脱口而出。

## 家长的示范会在未来（孩子烦恼的时候）派上大用场

孩子因为不想被别人讨厌，而迟迟不肯拒绝别人的时候，家长要率先给孩子做出榜样，以便孩子模仿、学习。

孩子与其他小朋友交往也是一样的。家长可以率先做出榜样，这样孩子在因为自身原因无法答应朋友请求的时候，也会尽量保持严肃诚挚的态度，和大人一样解释拒绝的具体理由，向对方展示自己的底线等。相信看到这样的态度，对方会给予理解。

这种时候，如果孩子能主动提出替代方案、让步方案就更好了，如“但是，我可以接受 × ×”“今天不太行，但是星期 × 可以”等。为此，家长可以试着旁敲侧击提醒下孩子。

这样的社交技巧对于大人来说也绝非易事。即便家长给孩子做出示范，孩子也不可能马上习得。

不过，我认为家长的示范总会有派上用场的一天，即便那一天是在遥远的将来。育儿过程中那些乍一看绕远路的无用功，真的在将来的某一天突然得到回报。

孩子无法拒绝他人，大多是因为害怕拒绝他人而被他人讨厌。

可是，如果对方是真正的朋友，相信严肃诚挚地和他解释的话，他会理解的。而那些一被拒绝就翻脸不认人的人，本质上不过是想利用孩子罢了，算不上是对等的朋友关系。

为了让孩子明白被这样的人讨厌，也不会有太大影响的道理，家长要从平日起想尽办法向孩子表达爱意（就算孩子已经长大了），如此一来，孩子也就不怕被这样的人远离。

## 步骤 84 练习如何道歉

说话技巧 — 146 —

基础

以前 **快给××道歉！**

转变

当前 **发生了什么事？/那么该怎么办呢？**

**提示：** 相信孩子不是故意的，帮助孩子反省自己。

如果家长能时不时参考“向孩子道歉”等内容，给孩子示范如何道歉，相信孩子也能放得下面子，自然说出“对不起”三个字。另外，如果家长按照第5章中所写的内容，教孩子如何把握做事的尺度，相信孩子已经明白各种事物的判断基准在哪里。

但是有的孩子自尊心比较强，明明知道要道歉但就是放不下面子。

如果家长强压着孩子道歉，说不定事态会变得更复杂，孩子还可能变得更加固执。这也是因为孩子根本就没有反省的意思……

要摆出相信孩子的态度，“发生了什么事？宝贝不是那样的人，应该有什么理由吧？”弄清楚事情缘由，引导孩子客观看待自己，帮助他反省自己。

等孩子冷静下来之后，问问孩子：“那么该怎么办呢？”让他本人思考解决办法。

## 孩子打人后的应对方法

如果孩子在和其他小朋友吵架的时候动手了，就算家长事后听孩子解释后觉得孩子情有可原，对方孩子也有过错什么的，也不能包庇孩子，毕竟动用暴力是大忌。

家长要站在孩子一边，但不能每一字每一句都相信孩子的解释。不论出于什么理由，使用暴力就是错的。

尤其是孩子长大之后，体格、力量都很强，有可能会给对方的身心造成无法治愈的伤痛。这种事放在大人身上完全可以判处故意伤害罪（根据对方的受伤程度，孩子也可能被判处罪行）。因此，家长更要抓住最后的机会，教育孩子禁忌就是禁忌的道理。

总之，家长要做好心理准备，孩子一旦使用了暴力就让他去道歉。

如果孩子不能老实低头认错，那么就说“爸爸妈妈陪你一起去”，然后牵着孩子的手，登门谢罪（还可以拜托学校创造道歉的机会）。

面对面的时候，听对方的发言时要严肃诚挚，就算对方的阐述中有和孩子所说的相冲突的地方，也别急着否定。看着对方，轻轻点头，时不时附和几句，听到最后才是关键（但是，要记得在笔记本或其他纸上记下对方阐述中与事实不符的点。之后再拿去咨询班主任、学校心理咨询室等）。

最后，和孩子一起当面向对方低头道歉，“真的非常对不起，我家孩子一定弄疼你了吧”。在孩子面前示范如何道歉，是非常好的教育方法。

## 面对他人挑衅该怎么办

年轻男孩之间，时不时就会出现一股火药味，孩子要是一不小心回击了对方的挑衅，率先使用了暴力，不论出于何种原因，最后理亏肯定是先动手的一方（甚至受到停学、退学的处分）。

对方不挑衅的话还好，但我们控制不了其他人的行为。

为了不让孩子回击他人的挑衅，我们要将目光放在被他人挑衅了该怎么办上面。可以参考“改正孩子爱哭闹的坏习惯”（步骤61），搞清孩子动手前后的具体情况，将事情分成契机、行为、结果三部分。

将事件的流程写在纸上，制成流程图，便于客观分析。有的打架看起来像是突发事件，但事情发生的契机肯定是因为双方平日积攒下来的情绪爆发了（不满等）。

另外，还可以和孩子一起思考该如何面对他人的挑衅，通过改变行为来改变结果。关键在于找出具体的、可以无视他人挑衅的方法。

我们总在对孩子说不可以回击他人的挑衅、不可以冲动，但却没告诉孩子之后该怎么办。如果孩子一个劲儿隐忍，总有一天会爆发的。而且有的人就是喜欢无界限地挑衅他人。

所以家长还要告诉孩子其他可供选择的行动方案，如“如果他挑衅你，你就随声附和一下就好，然后马上离开”“如果觉得很生气的话，就喝点水去”。

另外，我家大儿子的老师曾经说过：“比起教孩子不要去打架，不如教孩子如何和朋友重归于好。”所以说，如果情节不是特别严重的话，打架也算是孩子应该经历的事情吧。

**步骤 85**

# 练习如何寻求他人帮助

说话技巧 — 147 —

基础

以前　**这种事情要和老师说！**

转变

当前　**找老师谈一谈试试？就说你因为××所以××事情做不好，感到很烦恼。**

**提示：**教孩子该找谁商量、怎么商量。

孩子读小学的时候，如果有什么事家长还能亲自去学校解决，或是写在联络账上，和老师商量什么的。

但是，孩子进入初中或高中之后，从客观上来说，家长的出场机会变少了。但从主观上，我们也要有意识地减少自己的存在感。

为了让孩子成年后面对单凭个人努力无法解决的问题时能够懂得向他们求助，家长要培养孩子向他人求助的能力。

但是，有的孩子，光对他说“这种事情要和老师说”是没用的。所以家长可以告诉孩子该找谁商量、怎么商量，事先帮孩子整理好商量的内容以及具体的措辞。

如果孩子还是做不好的话，家长就亲自出面。“我家孩子因为××，所以××事情做不好，感到很烦恼。您看您有空的话，能不能和他商量商量？”在不经意间促成可供孩子求助的机会，之后再看情况慢慢放手。

## 对各种事情根据能力范围进行分类

先让孩子尝试独自（或在家长帮助下）解决问题，如果做不到再寻求外界帮助。

在寻求帮助之前，可以先让孩子对各种事情根据能力范围进行分类，即“能独立完成的事”“努力就可以做到的事”“怎么努力也做不到的事”。

比如，缺乏安全感的孩子遇上休学旅行时，会担心自己能否适应全新的场所、作息。可以列如下表格帮助厘清思绪。

**表 6-3　求助事项分类示例**

| | |
|---|---|
| **能独立完成的事** | ●事先调查好入住的旅馆<br>●在家提前调整好作息 |
| **努力就可以做到的事** | ●如果有书、枕头等熟悉的个人用品，心情就能放松下来→可以申请携带个人用品 |
| **怎么努力也做不到的事** | ●太吵就睡不着→申请与安静的小朋友住一间房子 |

事先要搞清楚要对方帮自己什么，要帮到什么程度，具体该怎么帮之后再向对方求助，这样更有利于解决问题。

如果孩子没有自信的话，也可以把上述的表格、想要求助的内容等整合到书面上，供孩子使用。

如果孩子还是无法做到向他人寻求帮助，家长也可以陪同出面。但要注意，家长最多只是辅助孩子，具体的寻求帮助说明还是得让孩子自己来。

孩子如果能告诉对方自己的能力范围，用自己的语言礼貌地向他人请求帮助，如“我能××样，但不能××样，您可以帮帮我吗？帮我××做”“希望您可以允许（或是请求帮助、说明等）我××做”，相信对方会给予理解和帮助的。

难易度 ★★★

## 轻松育儿咨询室

**问：**我家孩子有发育障碍的倾向，我们很担心他，但最近他进入青春期之后，就不怎么和我们说话了。怎么办？

**答：**引导孩子独自向学校心理咨询室等求助。

孩子和家长之间要是能无话不说倒也还好，但越大的孩子就越不会对家长敞开心扉。

不过，恋爱话题、和性相关的话题以及对家长的不满等，即便孩子对家长说不出口，也会想和其他人倾诉的（这是孩子长大了的证明）。

家长在坚持当孩子的倾听者的同时，也要确保孩子有家长以外的倾诉对象。

这个角色可以是朋友，也可以是老师。但是如果光凭这些人还不足以解决孩子的问题，或是孩子抱有不想为他人所知的、复杂深刻的烦恼的话，就需要专业人员的知识或是第三者客观的视角来突破难关。

我推荐让孩子自己去咨询学校心理咨询室或其他专业机构。在心理咨询过程中，用自己的话描述自己的事情也是珍贵的经验。

但是，孩子在经历重大困难的时候，往往没有动力，脑子混乱，这时突然间要他去接受心理咨询，对孩子来说可能有些困难。所以，要和防灾演练一样，从日常开始准备。在孩子比较平静的时期，教孩子该怎么做，以防万一。如“那里有××机构哦！”“要这样预约哦！”“××的老师/咨询师/医生会好好听你倾诉的。”如果孩子表现得有抵触情绪的话，可以让孩子先从习惯亲子会谈做起。

家长的操心是没有尽头的。如果孩子在外有许多同伴可以为他提供帮助，慢慢地他就能走向自立。

步骤 86

# 回应孩子的道谢

说话技巧
— 148 —
基础

以前 ……

转变

当前 **宝贝能这么说，妈妈很高兴。**

**提示：**不要无视孩子的感谢。

我在“表达谢意”中说过家长要仔细寻找向孩子说“谢谢”的机会，不知道大家有没有坚持下来呢?（忘记了的话，大可选择重新挑战，对于我来说也是件喜事。）

如果孩子在家长身边耳濡目染，偶尔说出了一句感谢的话语，请不要无视，要感到开心，毕竟一直以来的努力终于在孩子身上萌芽了。

细心呵护幼苗让其能好好扎根，相信它会成为孩子将来可以依靠的强壮枝干。这一切都要从回应孩子的道谢做起，“宝贝能这么说，妈妈很高兴”“不客气”“彼此彼此”，微笑着点点头，当场回应孩子。

不光局限于道谢，只要孩子朝着积极的方向走出哪怕是一小步，家长都不要放过这小小的“幼苗”，要及时回应孩子，这很重要。

相信如此一来，孩子就能够茁壮成长!

## 育儿法则

### 播种法则

总觉得，家长通过自己的言行举止给孩子做示范这件事和“播种”很像。一直以来介绍的育儿说话技巧的例子也都算得上是“播种”“浇水”。家长用自己的谆谆教诲在孩子心中播种、浇水。关注孩子的优点和努力相当于是将种子放在阳面。不停地向孩子传达爱意，让孩子知道自己多么重要等的行为就像在给予种子热量一般，在这个过程中，种子不知不觉就发芽了。

家长的播种行为似乎没完没了，“道谢的种子”“道歉的种子”“干劲的种子”“好奇心的种子”“为他人着想的种子”等。播种得越多，越有可能冒出“希望的幼芽”。但是，就算播撒的种子一样，它在每个人身上发芽的时机都是不同的。

几年前，我家孩子为了完成暑假作业，在庭院里种下了几朵观察用的牵牛花，几年之后，它终于在不知不觉之间发芽了。所以，家长在孩子心中播撒下的种子，即便过了很久很久，也有可能在偶然间破土而出。也足见为育儿所做出的努力并不能很快见结果。

即便如此，包含着家长期望孩子幸福的种子在得到播撒之后，就有可能萌发出“希望的幼芽”。家长对孩子个性的重视与培养，平日里和孩子的沟通与交流都会转化成幼芽的营养，绝对没有什么没用的付出。这一切都会成为孩子成长的食粮。

所以，时不时偷偷懒也没关系。请耐下心来，坚持播种、浇水，在阳光下，微笑着和孩子一起成长，直到孩子的自立之花盛开在枝头。

# 第7章 疗愈自己的说话技巧

最后这一章是为那些坚持不懈的孩子和家长准备的，为了让他们与自己和解，接受自己的不完美。

适用于家长和那些逐渐脱离家长的孩子。

从现实来说，无论是育儿路上，还是人生路上，或许都充满靠努力无法解决的问题。

孩子有自己的意识、个性、人生，家长也有情绪、底线及很多做不到的事情。

这种时候，让自己学会说话技巧，说不定会轻松不少呢。

步骤 87

# 远离极端的语言

说话技巧
— 149 —
基础

以前：必须这样做，不然不行。/ 不论怎么样，都必须是这副样子才行。

转变

当前：如果可以的话，我希望能 ××。/ 非常抱歉，但尽量 ××。

**提示：**有意识地减少追求完美的极端语言。

社会中到处流传着所谓“完美孩子”“完美育儿法”的消息。说不定家长们时不时还会感受到来自周围人（老师、家长、其他妈妈、社会人士等）的严厉的目光。

家长在育儿过程中常常感到极大压力的话，思想容易变得极端，“必须这样做，不然不行”“不论怎么样，都必须是这副样子才行”，甚至可能将自己或孩子逼入绝境。

要缓解这种情况，首先要从自己的语言入手。

当然，抱有愿望和理想也没什么错。比如，希望孩子文武双全，希望孩子和谁都能搞好关系，希望孩子总是给自己长脸等（虽然有些痴人说梦）。

多用“尽量”“可以的话”这样的字眼，放松“语言的缰绳”，心理压力会有所减少。

除了远离极端的语言之外，家长还要避免给孩子下定义。

说话技巧
— 150 —
进阶

以前　都怪你总是这样。/ 唉，果然还是发生了。

转变

当前　现在或许是这样，未来就不一样了。/ 小孩子都会经历这样的事。

**提示：** 小孩子最大的优势在于成长性，不要限制他的可能性。

明明家长也是在失败中学会如何育儿的，那为什么孩子一失败，就要用“总是这样”“果然啊”“肯定”这样的字眼来给孩子下定义呢？类似的字眼会大大限制孩子成长的可能性，实在是得不偿失。

孩子搞砸的时候，我们要有意识地安慰自己，“现在或许是这样，未来就不一样了”“小孩子都会经历的事”，仿佛孩子只是偶尔失败。

实际上，小孩子最大的优势在于他们的成长性。

即使每天都重复着同样的日子，乍一眼看上去没有什么进步，但不论什么样的孩子，每天都会成长和变化。

注意到自己在给孩子下定义或是只关注孩子做不到、做不好的时候，多用些类似“嗯”“大概吧”“说不定呢”等字眼来调整自己的语言。

## 朋友喜欢给别人下定义，该怎么和他相处

在我们的社交关系（同事、老师、熟人或是其他妈妈）中，或许存在喜欢给别人下定义的人。

他们嘴里总是会冒出类似“总是这样”“果然啊”的字眼，对于他们

来说很多事情都是非黑即白。有些人可能是天生的，但也有可能是受到环境的影响才喜欢钻牛角尖，比如他们可能有过辛酸到让人丧失自信的育儿经历或成长经历，或是生活在容易受到孤立的高压职场圈或生活圈。

如果他是对自己很重要的人，而且他本人看起来也很烦恼的话，请参考第5章，在力所能及的范围内，引导对方切换视角，思考折中方案，以防朋友走向极端。

但是，对于那些和自己没太大关系的人，如果他的行为已经跨越了我们的底线，就适当保持距离，不去深入交往也是一种处世之道。

比如说，认识的妈妈自作主张地针对某个人开批斗大会，当听她说类似“那个老师肯定××”“那位妈妈，果然××”这种乱七八糟的话时，本就心里难受，而且自己也明明不同意她的说法，但又不能马上转身离开。这种时候，我一般不会表明自己的态度，坚持含糊其词，“啊！真的是这样吗”“我不太清楚呢”……（不过，只要你没离开，这位妈妈就有可能逼你同意她的看法。）

不过，从现实角度来说，为了保护自己，最好不要和极端、喜欢给他人下定义的人打交道。如果实在没办法，就尽量避免两个人单独相处或是一对一地对话，包括在社交软件上的对话。

步骤

# 88 承认自己的极限

说话技巧
— 151 —
基础

以前 **我必须努力！ / 必须让别人努力！**

转变

当前 **做不到。**

**提示：**做不到就说做不到。

我认为承认自己做不到是一件非常需要勇气的事情。

遗憾的是，不论是大人还是小孩，有许多事情是无论怎么努力都无法做到的（当然，我也一样）。

有时候面对严酷的现实，举手投降也不乏为一种生活智慧。如“我不能做得比这更好了”“我（孩子）能做的只有这些”。

自己做不到就坦率地告诉对方“我做不到”，这样对方才能思考应对方法，而且以自己（孩子）做不到为前提，转而想其他的方法或者向他人求助。

当然，什么事情都推到他人身上的话，自然难以获得他人的理解和支持。但是，如果自己做好分内之事，相信周围人一定会明白的。

没有必要一个人背负一切。

说话技巧
— 152 —
实践

以前 **答应的事，请务必做到！**

转变

当前 **实在是心有余而力不足，非常抱歉。**

**提示：**郑重其事地拒绝对方无理的要求。

为了回应他人的期待，不断勉强自己努力的做法，说不定会留下意想不到的祸根。

对方要是觉得这个人可以回应我的一切期待，就会提出更过分的要求，要求我们必须更加努力，或是对我们产生依赖，像使用工具一样利用我们。

无下限地努力对身心是一种巨大的消耗，乃至燃烧殆尽。

再重复一遍：凡事都要有个度！有必要认识到自己的极限，适当减轻负担。

聪明点，别当自己是个“称手的工具”！如果对方提出我们能力范围之外的要求的话，郑重其事地拒绝才是明智之举，“实在是心有余而力不足，非常抱歉”。

就算对方不能接受，心存积怨、勃然大怒，那也是他的事。我们不必自责，平静地等待风暴退去即可。

家长的这些举动，有时也能成为孩子的榜样，鼓励孩子勇敢地说出“妈妈，我做不到”这句话，让孩子明白“不必勉强自己超越极限”的道理。

## 育儿法则

### 力所能及法则

请允许我借用这一页来整理下自己的内心。不论任何场面，我一直在重复“力所能及”。之所以用这个词来警示自己是有原因的。我的母亲是一位工作母亲，而母亲过早去世的间接原因就是过度劳累。高中时期，一首歌词中带有“你能24小时工作吗”的曲子风靡整个日本。就像歌词中描述的那样，我的母亲当时也是一年到头24小时高强度工作。而我的父亲患有ASD，又因此患上了精神疾病的第二障碍，工作是指望不上的。当时，我们在老家的生意都是母亲独自经营的。由于母亲性格阳光向上，乐于助人，所以当时有不少老客户光顾。

母亲时不时还要照顾社交不顺的父亲，别人找她倾诉烦恼她也是亲力亲为，她还担任着PTA和村民大会的负责人。母亲不论做什么事情都是干脆利落，一直以来都是周围人仰慕和依赖的存在。

我没见过母亲说过一句不行。我尊敬着我的母亲，在我眼里她就像是不死超人一般强大。但是，日本泡沫经济崩坏后，我家自然也是生意惨淡。当时，即将成年的我和我的妹妹都觉得母亲终于能休息休息了，但母亲却突然痴呆了。年轻人患上阿尔茨海默病，病情会恶化得更快。不到一年母亲就不记得我了。进入植物人状态后在医院躺了七年，她最后因身体衰弱去世。

所以，我一直认为不论什么样的孩子，不论什么样的人，只要在自己力所能及的范围内努力就够了。

步骤 89

# 接受不完美的自己

说话技巧
— 153 —
基础

以前 为什么我连这种事情都做不到啊？

转变

当前 妈妈不太会 ××，能帮妈妈的忙吗？

**提示：**给孩子示范如何与自己和平相处。

如果您之前的育儿话术的实践卓有成效的话，相信孩子已经懂得您的心情，变得可以沟通了，能做的事情也变多了，亲子关系（更加）和谐自在。这对我来说自然也是喜不自胜。

相信育儿积攒的经验，能为您学习“和自己和平相处”提供灵感。

回想一下，之前观察孩子，反馈孩子小小的进步，帮孩子降低难度、补足短处等的过程中，是不是意外发现了孩子许多优点和长处呢？

接下来，我们试试将这双善于发现的眼睛看向自己，相信能让您轻松不少。

大胆承认自己的不完美，请求孩子的帮助，或是让他们自觉行动，重要的是给孩子说明什么是分工合作。在未来，家长的曾经示范或许能启发孩子如何和自己和平相处，轻松自在地生活。

说话技巧

— 154 —

进阶

以前 嗯……因数分解怎么解来着？

转变

当前 **妈妈也不懂，你自己查。**

**提示：**家长的“不知道、不会、不懂”能培育孩子的自主性！

说到如何培养孩子的自主性，我认为家长的“不知道、不会、不懂”是最有效的。

但是，孩子要是面临着容易受挫的、不熟悉的、不擅长的事情的时候，需要家长认真陪伴。这时候家长要是突然放手不管，孩子可能会受到严重的心理创伤。

请参考第2章、第3章和第4章内容，先搭建好孩子心灵的基础，让孩子多积累成功经验。这样，到了家长真的需要放手的时候，孩子也不会轻易倒下。

在这个基础上，等孩子一定程度上习惯了做擅长之事、喜爱之事的时候，或是孩子来了干劲的时候，分阶段慢慢放手即可。

实际上，等孩子升到初中，就算孩子问作业上的问题，家长也有可能解答不了。“嗯……因数分解怎么解来着？”（本人的真实经历。）

这种时候，与其半桶水教孩子半生不熟的知识点，还不如把简单易懂的参考书递给他，“妈妈也不懂，你自己查”。这样双方也轻松得多。

就算家长不知道、不会、不懂的事情暴露给孩子了，又有何不可呢。这显得更有人情味了，不是吗？

说话技巧
— 155 —
实践

以前　明明我也有不擅长的工作啊……

转变

当前　我不擅长××，你能帮忙吗？

**提示：**先了解自己的个性。

家长在工作或参加各种活动的过程中，遇到不擅长的事情应该都会感到吃力吧？尽可能努力，如果还做不到，就礼貌地拜托其他人帮忙吧！

没必要一个人追求一百分。无论是家人还是同事，相互弥补缺点、相互支撑，如果要评价就评价团队全员的总得分。我在工作上就常常这么做。

拜托他人的套话

我不擅长做××，能不能允许我××（提出详细的代替方案）。

能不能请您在几月几日之前，告诉我工作内容中具体的优先顺序呢？

如果有不懂的事情，能否允许我咨询××呢？

我是个××样的人，如果您觉得我有什么失礼之处，请随时指出来。

如果能给我提前说明一下××事，就再好不过了。

感谢您一直以来的大力支持。

# 步骤 90 珍惜自己的缺点

说话技巧
— 156 —
基础

以前 又忘东西了！

转变

当前 **这就是我的宝贝呀。/这就是我呀。**

**提示：**有缺点、短处才显得出人性的魅力。

这次是“全面地看待孩子的优缺点”的升级版。

如果您已经做过“凹凸变化挑战”，学会了如何全面地看待孩子的优缺点的话，接下来就是原原本本地接受孩子（自己）的短处和缺点，“这就是我的宝贝呀/这就是我呀”，珍惜拥有缺点的孩子和自己。

家长和孩子都有些不足之处才更显出人性的魅力，不是吗？

正因为有缺点，人才需要彼此。正因为有短处，才令人感到亲近。

那些一眼看去完美无缺、才貌兼备、身材拔群的绝色女演员们，她们身旁是不是总弥漫着一种难以接近的气氛呢？（实际上，这也是她们的烦恼。）

如果注意到孩子或是自己身上有什么短处和缺点，不如在心中把它们当成有人情味的证明，大方接受，或许这样更能放下执念。

说话技巧
— 157 —

实践

以前　孩子受挫的时候该说什么安慰他呢……

转变

当前　过去妈妈也不擅长 ×× 呢！

**提示：**缺点和失败经历都是珍贵的财富！

如果孩子受挫失去信心，或是和他人比较后感到沮丧，在意自身短板的话，家长可以给孩子讲讲自己当年的失败经历或是自己的缺点。我认为这是最好的安慰孩子的方法。

比如，我家就有过类似的例子。“妈妈以前也不擅长和其他人说话呢，虽然现在也半斤八两。”“妈妈也不擅长运动呢，小学时候的马拉松大赛还耍小聪明偷懒来着。”“爸爸以前一紧张就脸红，所以非常理解宝贝的烦恼。”……孩子们听到这样的话，脸上的阴沉一下子就一扫而空了呢。

有时候，家长侃侃而谈成功的“大道理”，反而会让孩子更沮丧，感到更多的压力。反而那些和孩子类似的失败经历、孩子能感同身受的闯祸往事，更能让孩子觉得“这样的自己也没什么关系”，从而打起精神来（不可思议的是，说完后家长也会跟着打起精神来）。

既然能成为孩子内心的营养，那么家长的短处、缺点、失误、“黑历史”也就并非一无是处了吧。

缺点、失败都是珍贵的财富。正视自己的缺点，才能真正地做到自我肯定。

## 育儿法则

### 驯犬法则

我家的小狗，一见到家人，就会仰面朝天露出腹部，一副求人摸它肚子的样子，十分惹人喜爱。有时候我会觉得，它如此轻易地就暴露自己最大的弱点，是不是有些缺乏动物该有的警惕心呢？

虽然书上说，这是动物信任饲主的证据，是狗狗安心和放松的表现。

不过，带它散步时，有时会遇到长相狂野的邻居，那时候它也急忙躺下露出腹部了呢。

难以想象那也算是放松的表现。我想那应该是投降的信号吧？

也就是说，狗狗主动暴露出自己的弱点，既是出于信赖，也是出于自我保护。

举个例子。那些看起来光鲜亮丽的艺人，他们的生活看起来越是幸福美满，就越有人鸡蛋里挑骨头，攻击、抹黑他们。

所以说，主动向对方暴露弱点，也是一种充满智慧的生活技巧吧。

图 7-1　驯犬法则

## 步骤 91 珍惜平淡的日常

说话技巧
— 158 —
基础

以前 **我只想平平淡淡地过日子……**

转变

当前 **宝贝今天很安静，妈妈很开心。**

**提示：**从珍惜安定的生活开始做起。

即便孩子没做出什么特别厉害的事情，只是平平淡淡地度过了一天，也请给予孩子“反馈”。比如，经常和兄弟姐妹争吵的孩子今天却在一个人安安静静地玩耍，平时注意力不集中的孩子今天做作业的时候却非常认真，平时总是会大吵大闹的孩子今天玩游戏的时候却非常安静，这时候路过孩子身边时，不妨顺便向他搭话，“宝贝今天很安静，妈妈很开心”“今天做了这么多作业啦”“哇，这个游戏看起来很好玩呢”，只要孩子知道家长有在好好看着他就足够了！

育儿这件事真的很累，家长想要的或许只是过平平淡淡的日子。可是有的时候，平平淡淡的日子也不是想过就过的。

所以，就算只是一时兴起，只要孩子普普通通地度过一天，家长就可以若无其事地反馈给孩子。这样一来，没有大风大浪、稀松平常的日子就会越变越多吧。这就是向梦想中安定的生活迈出的第一步。

## 和孩子闲聊

话说，大家会和孩子闲聊吗?

我说的闲聊，不包括聊孩子在学校的朋友关系、作业的完成情况、考试的排名、和社团的学长学姐及指导老师的关系、在房间或社交媒体上偷偷做了些什么等家长在乎的和家长想知道的话题，而是指普普通通的聊天。

我认为平日里多和孩子闲聊最能培养孩子的沟通能力。孩子的闲聊能力越高，社交能力也就越好。

但是，有的家庭里孩子总是不能明白家长的心意，有的家庭里亲子之间矛盾很大。孩子和家长每天忙于各种事情，想必也就没有闲聊的精力了吧。

所以，首先要做的就是节省精力，具体可以参考之前那些高效易懂的说话技巧。等自己节省出足够精力后，不妨尝试和孩子多闲聊。可能有些家庭会因为双方没有空余时间，聊也聊不长。

但是，各位家长一直以来都在努力地观察孩子，努力地理解孩子，因此请相信自己一定可以找到很好的话题。

只要是孩子喜欢的、感兴趣的话题，孩子就会说个不停，所以家长只需在旁边点一点头，“嗯！嗯！”做个倾听者就足够了。

不论是令人无语的事件，还是没完没了、没头没尾的故事，或是边看电视剧边吃饭提起的无聊话题都可以。总之，只要双方都能享受这份闲聊的时间，什么话题都无所谓。

和孩子一起享受稀松平常的闲聊的时间，也是组成美好“平淡日常”的一部分。

## 育儿法则

### 家庭餐厅里盘子打碎的法则

在家庭餐厅里和家人边用餐边聊天的时候，或是独自一人边用餐边看手机的时候，大家的注意力是非常集中的。

但是，当某位服务员一不小心“哐”的一声摔碎了盘子时，店里所有人是不是齐刷刷地都看向他呢？

而在那之前，这名服务员也拼命地努力过吧，比如给客人点单，迅速上菜，然后默默地回收吃干净的盘子等。但是，对于客人来说，服务员的这些努力都是理所当然的，这一切都是餐厅的日常景象。

只有服务员失误了，发出了巨大响声的时候，人们才会注意到他。育儿也是一样的。家长偶尔间没管好孩子，孩子惹出麻烦的时候，大家才会把目光投向家长。就像邻居也只会在家长大发雷霆教训孩子的时候（隔墙）听见家长的声音。

人总是喜欢关注他人显眼的行为，并把它和失败联系起来，由此产生种种错觉，如“我家孩子总是办不好事”“那对家长老是发脾气”。而占大部分时间的所谓的普普通通的时光、理所当然的日常、平平稳稳的日子，光是为了维持它们，家长和孩子就已经做出许多不为人知的努力。普普通通的日子看起来像是会永远持续下去的样子，但是一旦人和环境发生了改变，这样的日常也会在顷刻之间崩塌。或许，日常就是这样无比脆弱的东西。

所以才说，珍惜平平淡淡的日子是育儿和提升人生满意度中重要的一点。

难易度
★★★

## 轻松育儿咨询室

**问：** 孩子患有发育障碍，而社会上大多数人都是正常人，我们感觉很难生存下去，怎么办？

**答：** 发育障碍只是一个人特点的一部分，并不是一个人的全部。

我非常理解您的心情。在这个世界上，光是身处少数群体就会被称为“障碍”，只要稍微和其他人不一样就会被视为“麻烦”。我也经常会想，世界上根本不存在任何一个真真正正的“普通人”吧。

虽然这么说不太好，但是如果您总是关注孩子和他人不同之处，片面看待孩子的特点，把发育障碍或多动症当成孩子的全部，或许您会感觉到其他人排挤您和孩子排挤得更厉害了。其实，您和您的孩子都拥有和其他人一样的部分。发育障碍或是其他的词，只不过形容一个人的某些特点的词，并不能代表一个人的全部。

即使孩子和周围人在感受方式、兴趣爱好上不同，但是孩子和其他人一样，品尝美食的时候都会觉得好吃。即使孩子的笑点和其他人不一样，但和其他人一样，感到开心的时候也会露出笑容。而“发育障碍患者”这个标签，会在您和孩子认识自己或是寻求他人帮助的时候派上大用场。但是在那之前，您和您的孩子，都拥有自己宝贵的名字，不是吗？

无论是发育障碍的部分，还是普通的部分，一个人所有的一切都包含在他的名字当中，代表他是一个人。

无论如何，珍惜孩子的优点、缺点以及平平无奇的点，重视孩子与生俱来的一切，相信您和您的孩子都能顺利地走下去！

# 步骤 92 怀疑常识

说话技巧 — 159 —

基础

以前　**这太没有常识了！**

转变

当前　**这真的算是一种常识吗？**

**提示：**不会给别人添麻烦的事情就宽容对待。

在“制作执念表，将孩子的执念分类”中说过，孩子的执念中有些是不会给别人添麻烦的，本章就是应对方法。

以我家为例，女儿在小时候特别喜欢穿一身粉色出门。当时我的常识告诉我，女儿的这副打扮实在令人有些难以接受。但是，女儿的粉色穿搭，只要不出现在红白喜事场合中、不前往有着装要求的高级餐厅，就不会给任何人添麻烦。

就算家长觉得孩子的行为有悖常识，但只要孩子的行为不妨害人，也不会扰乱公共秩序，家长就应该宽宏大量一些，毕竟每个人的喜好和想法都是不同的。

如果家长觉得无论如何也不能接受，也可以和孩子交涉，给孩子提建议，“妈妈觉得你这种行为 × ×，能不能 × ×”（但是，选择权要交给孩子）。如此一来，既有可能激活孩子身上沉睡的才能，家长慢慢地也会变得不那么在意细节。

## 利用孩子执念的力量

孩子的执念背后是孩子丰富的感受性。

家长可以转变下视角，利用“执念表”中1～3类型的执念，引导孩子走向积极的方面。这样一来，这些执念有可能转换成类型4——不会惹麻烦，家长也不在意的执念。以下是我家的例子。

我家的孩子偏食，对食物很挑剔，特别是大儿子的味觉非同一般的敏锐。

所以，为了让孩子学会做饭，当时我耐下性子认真地教授他们烹饪的技巧，而原本笨手笨脚的孩子们，为了能吃上好吃的，努力磨炼厨艺，如今厨艺已经相当不错了。

现在三个孩子已经知道如何利用手头的食材做些简单的料理了。即便我出现意外住院了，也不必担心他们的吃饭问题。

虽然和孩子的执念共处需要家长的耐性，但如果能有效利用那份力量，能让孩子学会不少事情。另外，极大满足孩子的执念也可能使他们突然放下执念。

对那些因缺乏安全感而产生的执念也是一样。比如，害怕自然灾害和未知病毒的孩子要是能对相应的原理、预防方法、应对方法了然于心，反而不会那么害怕了。强烈的不安全感也可能转化成好奇心。似乎许多地震学、医学、生物学方面的专家，都是由于害怕才走上研究之路的。

如果孩子有了想要奋斗的目标，或是有了让他眼前一亮的事物，那就为他创造学习的环境，在家庭开销允许的范围内提供支持。

利用好孩子执念的力量，不仅能让孩子学会更多的东西，还能让孩子的世界变得丰富、广阔起来。

## 自己给自己鼓劲

本书“后记”之前的内容介绍的大都是说给孩子听的说话技巧，但是孩子长大之后，可以引导孩子自己和自己对话。

特别是进入青春期的孩子可能对家长直白的表扬有所抵触（这也是孩子成长的证明）。

如果孩子遭遇过多的失败、人际交往不顺的话容易失去自信、日渐消沉，或者压力过大，走向极端。

这种时候，推荐帮孩子制作一张“自我鼓励检查表”，辅助孩子客观审视自己心中日渐定型的常识，帮助孩子纠正极端思想，让孩子认识到自己的优点，学会自我肯定，知道自己是自己最坚实的伙伴。

这也是我自己的习惯。我也经常会在意各种各样的事情，当心情低落的时候，我也常常会使用这个方法。

恐怕大多数的人更在意自己的缺点而不是优点，更在意否定的言论而不是肯定的言论，对于自己每天不经意间的努力视若无睹。

这点在那些处于极其在意他人评价的敏感时期的孩子身上更为突出，还有那些追求完美的孩子，以及那些经常遭遇失败的孩子也是一样。

因此，我认为这种时候不正是需要全面地看待事物，有意识地关注事物积极面的时候吗？所以让孩子（如果可以的话，爸爸妈妈也一起来）把“自我鼓励检查表”打印出来贴在厕所的墙上，好好利用吧。

**表 7-1 自我鼓励检查表**

**遭遇失败、沮丧的时候容易丧失自信。试试给自己的长处、优点、努力打上“√”试试吧。**

**□这些真的是理所当然的吗？**

某些事情对其他人来说简简单单，但自己来做就必须非常努力才能完成，对不对？那就替自己的努力鼓鼓掌吧！

**□这些真的都是失败吗？**

请仔细回忆一下，就算结果是失败的，但这过程中是不是有过成功的部分呢？

**□这些真的是短处或缺点吗？**

改变下视角吧！换个视角，短处和缺点也可以是优点和长处。

**□这些真的是平平无奇的事吗？**

仔细想来自己是不是有不经意间坚持下来的事情呢？坚持本身就是件难事。为此是不是应该夸夸自己呢？

**□这些真的做不到吗？**

一想到别人都行，自己却不行就会感到沮丧吧？但是比起一年前或五年前的自己，不觉得进步了许多吗？

**□他们真的能代表所有人吗？**

别人的话真的很伤人，对吧？但是，那也只是他个人的想法，代表不了所有人，或许他也只是觉得你和他不一样而已。

**□这些真的是白费力气？**

就算失败了，但尝试过、挑战过总会有它的价值，不是吗？给自己的勇气点点赞！

步骤 93

# 静待孩子成长

说话技巧
— 160 —
基础

以前 **你要到什么时候才能学会啊？**

转变

当前 **没关系，只差一点点。**

**提示：** 孩子的成长性是家长育儿路上最靠谱的伙伴。

即便从家长看来孩子没有任何进步，但小孩子这种生物，只要一日三餐吃饱喝足，保证充足睡眠，每一天都能茁壮成长。

孩子的成长性可以说是家长育儿路上最靠谱的伙伴。

每天努力养育孩子却总是进展不顺，迟迟看不见成果。或许您会为此感到焦虑。

但是，不论什么样的孩子，每天都在变化，每天都在成长。

家长在育儿方面花费的心血、走过的岔路以及和孩子日常的接触与对话等，它们都化作了孩子成长的营养。

比如，关于牵牛花何时发芽这个问题，虽然有平均数值作为参考，但实际上没人知道发芽具体会在哪一天，而孩子的成长时机也是有个体差异的。只要家长好好照顾孩子的身心健康，孩子成长的那一天肯定会到来的。没关系，还差一点点而已。

## 育儿法则

### 扑克牌法则

从孩子学会站立、学会走路开始，到现在，我已经见证了许多次孩子学会新事物的瞬间。比如，大儿子以前怎么努力也学不会汉字的书写方法，某一天突然茅塞顿开；女儿以前音节读得很僵硬，某一天的瞬间突然读得相当流畅。

这些经历让我想到：孩子学东西就像在打扑克牌一样。

孩子想要学会什么东西，就需要耐下性子来收集自己需要的手牌，这些手牌可以是环境、道具、契机等，比如，身体方面的手牌——身体要发育到能做某个动作，大脑方面的手牌——足以理解某个概念的脑力，精神方面的手牌——学会某个东西的干劲……集齐所有必要的手牌的瞬间就是孩子学会某样东西的瞬间。

所以，如果总是缺一张关键牌的话，学习效果会不理想，孩子也会感到郁闷。但即便如此，也得坚持抽牌，因为总有一天能凑齐必要的牌组。

毕竟，只有孩子一个人能在上天赋予他的牌堆里抽牌。虽说手牌凑齐得越早越好，但牌桌上可能会没有其他人，因此家长完全可以耐心地等待孩子成长。我认为想要凑齐像皇家同花顺那样稀有的牌组难度很大，所以在抽牌的过程中，家长和孩子可以一边喝茶一边聊天，享受“等待成长”的时间。

图 7-2 扑克牌法则

步骤 94

# 学会适当放弃

说话技巧
— 161 —
基础

以前　**事情进展一点儿都不顺利！**

转变

当前　**我的孩子（我）就是这样的，没办法啦！**

**提示：**适当放弃那些努力都做不到的事情。

有时候，人真的需要适当放弃。

坚持不懈地努力或许会有回报，但是谁都会碰上努力了也无法克服的困难。比如，我本人患有肩周炎，不喜欢出门，四肢也不协调，但是我很想代表日本出战奥运会！这样的想法让人挺绝望的吧？那些无法克服的困难，可能是个人能力的极限，可能是挫折，也有可能是身体或精神方面的疾病。

但是，人们多多少少会遭遇这样的困难。

这时候，采取回避的姿态，适当放弃也不失为一种处世之道。

告诉孩子："我的孩子（我）就是这样的，没办法啦！"然后及时收手即可。转头看向那些能显示优点、能做得好的事情、擅长的事情，同时选择更好的环境、道具，和周围人互帮互助。这样，即使育儿路或成长路稍微绕远了点儿也没有任何问题。

## 找到理想和现实的平衡点

那么，如何在“坚持不懈”和“适可而止”这两种矛盾的心境之间寻找平衡点、妥协点呢？这是本书相当重要的部分。

我认为，如果一个人能平衡现实与理想，对自己过去的人生感到满足的同时，保持乐观的生活，那么他的“适应力”一定很强。

光靠理想是活不下去的。反之，缺乏理想的生活是枯燥的。这点在小孩子身上更为明显。小孩子本身就蕴含着无限的可能性，但现实却难以如人所愿，想做的事很多都不能做……当务之急就是家长要和孩子一起直视这样的现实矛盾。

脚踩大地，剑指青天。坚韧不拔，百折不挠，在哪里跌倒就在哪里爬起来，这样定能立于不败之地。想要拥有这样顽强的生命力，首先要接受理想和现实之间的差距。

在之前的例子中，我说我几乎不可能成为奥运会选手，但是如果我发挥自己的长处，把目标改成成为奥运会的工作人员，通过努力或许能完成这个目标。又或者尽量模仿喜欢的运动员的饮食生活习惯，学习他的生活哲学和某个优点，以此为目标的话应该能实现。

平衡理想和现实最重要的一点是，学会在自己理解和满意的范围内进行妥协。

如果孩子在现实生活中碰壁，家长要支持孩子，帮助孩子寻找他可以接受的着陆点，这样一来，孩子也就变得更加坚强。

# 步骤 95 相信孩子

说话技巧
— 162 —
基础

以前 **你是个任性的坏孩子！**

转变

当前 **告诉妈妈，宝贝想让妈妈怎么做。**

**提示：**最适合您宝贝的育儿法来源于他自己。

当您尝试过本书中的说话技巧却没作用、尝试过许多育儿法和教育法却没效果、按照专家的建议来实践却于事无补时，请务必向眼前的孩子询问最适合他自己的育儿法，这有助于您打开新的思路。

如果孩子因为遭遇失败而钻牛角尖，那就主动询问他：“宝贝觉得要怎么做才能成功呢？”“宝贝觉得哪个地方很难呢？说说。”

如果孩子偏执于什么内容，思想比较极端，那就要关切地询问他：“宝贝为什么要这么想呢？”“宝贝要怎么样才能不在意这些地方呢？”“要怎么样才能让宝贝放心呢？”

如果孩子在学校或在家显得很烦躁的话，那就耐心地询问他：“想让妈妈对老师说些什么呢？”“妈妈有什么能为宝贝做的呀？”

最适合您家宝贝的育儿法来源于他自己。家长有什么不知道的，直接开口问孩子就好。

## 选择“不做”

当在育儿的过程中感到无路可走时，除了询问孩子之外，还有一个秘密绝招：不是寻找家长能做的事，而是寻找家长不做什么事。

- 不和孩子搭话。
- 不去帮助孩子，不辅助孩子。
- 不鼓励孩子，不给孩子提建议。
- 不比孩子先下手。

图 7-3　妈妈拒绝

特别是处于青春期的孩子，为了处理脑中大量的信息，他需要一个人静静地思考，需要整理复杂混乱的内心。他必须花时间和自己内心对话，才能搞清楚自己想要什么。

积累成功经验非常重要，但从失败中吸取教训也很重要。

有的孩子不擅长从失败中吸取教训，努力了也不一定成功。一旦经历了太多次失败，他会觉得活着很痛苦，因此他还是会需要家长的帮助。

但是，家长提供的只能是暂时的帮助，等孩子成长之后，家长给他的帮助要适可而止，“从这儿开始就不帮你喽”“不会帮你那么多”“只能帮你这么点儿哦”。

家长选择“不做”的时候，仍要注意在旁守护孩子。如果亲子之间已经有了坚实的信任和依恋关系，就算稍微对孩子冷漠一些也没问题。在远处用温暖的目光注视着孩子，让孩子知道您并没有弃他于不顾。

越是努力育儿的家长，就越容易在这种时候感到寂寞，不过还是请您稍稍忍耐些。

**说话技巧**
**— 163 —**
**实践**

以前 **不说你，你就不懂是吧！**

转变

当前 **好！**

**提示：当孩子说“吵死了”，说明您即将从说话技巧中“毕业”。**

如果从孩子口中蹦出“吵死了”“我知道”这样的话，说明您即将迎来从说话技巧的学习中“毕业”的日子。恭喜您！

当然，孩子说他懂了，可能他完全没懂，只是为了制止家长进一步的唠叨才这么说的。

但这也证明了家长说的话孩子已经听进去了。

所以，您可以认为自己迎来了从说话技巧中毕业的时机。接下来只要一步步地减少使用说话技巧的次数，开始练习如何从旁守护孩子即可。

或许您会感到不安和烦躁，积累下许多的压力，但还请您稍做忍耐。

这时候，您可以开始一份新的工作，回归职场，也可以考取各种资格证，重拾那些因养育孩子而放弃的兴趣爱好；或者与伴侣一同旅行，思考下退休后的计划，重新思考属于自己的人生。

没关系。即便孩子即将离开您的身边，对于他来说父母也是一直在自己身边。就算孩子长大成人，这一点也不会有丝毫改变。

步骤 96

# 接受孩子，接受自己

说话技巧 — 164 —

基础

以前 **这样下去不行！**

转变

当前 **船到桥头自然直。**

**提示：**不论孩子如何努力，都做不到完美。

在本书中，我先是给家长做了心理建设；然后帮家长建立和孩子间的依恋关系与信任关系，而且关注到孩子的优点并助力孩子建立自信；接着帮家长用简单易懂的表达方式教导孩子学习各种事物、了解什么是禁忌、培养自制力、学会适可而止、用正确的方法与他人交涉、培养共生力……现在，我要告诉家长的是，您已经到了在旁守护孩子的阶段。

您一步步走到这里，必定有了这样的信心：孩子接下来的人生无论遇到什么困难都能克服！话虽如此，但是家长天生就喜欢替孩子操心。正是因为替孩子未来的幸福考虑，才会担心这个、担心那个，“这样下去不行”“这个学不会，未来的日子可就不好过啦”……

但是，不论孩子如何努力，都做不到完美，况且也没有那个必要。无论是什么样的孩子、什么样的人，都有自己的优缺点，这是人理所应当的样子。

## 热门漫画人物的魅力所在

我家所有人都喜欢看漫画。

家里堆满了漫画书，从走廊到书架无一不是漫画书，就连地板上都躺着当周的漫画杂志。

家里每个人的阅读习惯不同，因此家里的漫画书也各有特色。但是那些孩子喜爱的漫画书、非常有人气的漫画书、连大人看了也会为之一振的漫画书都有一个共同点，那就是书里面都有充满魅力的主角（也有可能是反派或配角）。

分析一下那些人物为什么拥有如此惹人喜爱的魅力，我认为这源自他们的不完美。如果他们是完美无缺的人，就会令读者感到无聊，也没办法引发读者的共鸣。

正是因为他们天生不完美，或有巨大的缺点，或有难以克服的障碍，时不时还会怨天尤人，动不动就会遭遇挫折，甚至是巨大的失败……才会让读者觉得人物饱满、丰富。

这样的人物身上才会诞生精彩的故事，才会需要同伴的力量，才会在跌倒中成长，才会让读者感到亲切。读者将自己代入他们的故事当中，和他们心意相通，忍不住就想为他们打气。

不完美的人才会富有魅力。育儿也是一样的吧。正是因为我们有做不到的事情，有不完美的地方，所以才需要其他人的存在和其他人的力量；正是因为我们时不时会遇到挫折和失败，所以人生才更加丰富多彩；正是因为我们会哭泣、愤怒，所以生命才充满魅力。

遇到过自己无法做到的事情，人生才能过得更加绚丽多彩。

每个人都是自己人生的主角。加油！

说话技巧
— 165 —
实践

以前 又来了！

转变

当前 行吧！ / 暂时就先这样吧！

**提示：**做不到也没什么，母亲也是普通人。

无论孩子还是大人，生来就会犯错。

无论怎么教育孩子，孩子该闯祸的时候肯定会闯祸。要是家长想着自家孩子肯定不会犯错误并因此放松警惕，孩子反而会捅出大娄子。

什么样的孩子都不能做到百分之百不犯错。相信孩子不代表要偏执地相信孩子肯定不会犯错和失败，而是相信孩子即便失败也能重新站起来，相信孩子即便犯错也会及时改正，以及相信孩子那强大的生命力。

为了能在孩子失败的时候可以转换心情，推荐家长给自己施加"放松咒"："行吧""暂时就先这样吧"。

我在努力育儿的过程中，遇到孩子闯祸了，也会对自己这么说"行吧"，以此来接受孩子现在最真实的模样。

家长也有许多做不到的事情，毕竟是普通人，理所应当！

我也是一样，一路辛苦，终于看到了育儿的终点，但在下一个瞬间又得从头再来。而这样的瞬间每天都在循环往复。

不过，还行吧，这样也没什么不好嘛！

# 步骤 97 给自己颁发“合格家长证”

说话技巧
— 166 —
实践

以前 **想成为更好的母亲 / 父亲。**

转变

当前 **我已经是一个好妈妈 / 好爸爸 / 合格家长了。**

**提示：**只要孩子笑了，您就是“合格家长”。

回想育儿经历，我发现自己总是在向孩子道歉。

“妈妈不能对你那么好，对不起，宝贝。”“妈妈不温柔，对不起，宝贝。”“妈妈不能一直陪着宝贝，对不起。”“妈妈也想为宝贝多做点儿事，但现实不允许，对不起，宝贝。”……

的确，社会中到处都流传着某些完美家长的事迹。和他人一比，总是难免会注意到那些自己做得不好的事情。但是，决定您是不是好家长的，不是社会，也不是其他人。

孩子是不是每天都会回家？是不是充满活力？是不是很健康？是不是比去年成长了？

在您眼前的孩子是怎样一副表情呢？

如果孩子在家能感到安心，能够露出微笑，您就已经是模范家长了。我认为只要您做到这些，就可以给自己颁发“合格家长证”了，不是吗？

合格

# 后记

2014年我在网络上发布《育儿对话技巧》时，我的大儿子上小学三年级，二儿子上小学一年级，女儿刚上幼儿园。

那时，各种无解的育儿难题从天而降，但因为妈妈这一职业是无人可接替的，所以我不得不独自承受巨压、忍受折磨。

我每天的生活都一团糟，可谓身心俱疲，而且总是忍不住对孩子发脾气。

这样下去可不行！为了能稍微轻松一点儿，为了能变得有点妈妈的样子，我开始潜心自学、不断实践，终于总结出了一些实用的育儿技巧。

六年过去了，我将《育儿对话技巧》改写成了现在的这本书。这时，我的大儿子已经上初中三年级了，二儿子已经上初中一年级了，女儿也已经上小学四年级了。

虽然我的生活变化不大（哈哈），依然要为孩子们殚精竭虑，但是孩子们都按照自己的方式成长起来了，而我的育儿技巧相较六年前也精进不少。

孩子每天都在变化，而孩子所处的环境也在不断变化。我认为，如果不加入“孩子的成长”这一纵向视角，以及“孩子与环境的关系”这一横向视角，这本书就是不完整的，所以花费了很多时间来修订、润色。

即便如此，这本书也仅仅收录了一个几年、十几年坚持守护孩子成长的母亲的个人经验。实际上，值得注意、值得借鉴、值得分享的经验还有很多。因此，请家长朋友们以本书作为参考，再结合实际情况来寻找最适合您家宝贝的育儿技巧。这也是身为作者最大的喜悦。

另外，世界在这六年中也有了很大变化。各媒体开始给予发育障碍患者更多的关注。以前，我在市面上找不到适合我家孩子的育儿方法，每天都是摸着石头过河。如今，无论是在网络上还是在书店里，都能找到大量的相关资料。

这么看来，如今的育儿环境是否更加轻松了呢？这个问题我无法回答。

但我明白了一件事：岁月静好的生活以及普普通通的日常，竟然需要世界上那么多人付出那么巨大、朴素、无形的努力才能维持。

短短几个月，突如其来的疫情就将我曾经描绘的关于孩子们的未来彻底推翻，而之后将怎样，更是无人知晓。

即便如此，我还是希望孩子们能够坚韧不拔，通过这次严峻的考验；希望孩子们能够幸福、快乐地度过自己的美妙人生；希望孩子们能够在沮丧的日子里、在快要撑不住的时候重新振作起来，不停地向前走；希望孩子们能够在遇到困难的时候鼓起勇气向他人求助；希望孩子们能够学会相互支持、相互帮助、携手生活；希望孩子们能够结交友人、寻找伴侣，奋斗在适合自己的岗位上，赚取生活必需的薪水，时不时品尝些美食……

我作为一名母亲，一说到孩子，也是没完没了。这也是没办法，常有的事啦！

最后，我想由衷地感谢财津先生，从接受您的企划开始到本书初版上市历时多年，非常感谢您耐心的等待。令人欣慰的是，本书上市后深受读者喜爱，竟加印31次之多，这都得益于您的信任与支持。

我还要感谢我那三个可爱的孩子，是你们给我提供了很多真实的素材。

还有和我一起变老、一起白发的孩子他爸，以及家里那只永远保持可爱的小狗，谢谢你们。

多谢你们，正因为有了你们，诞生于咱们家的说话技巧才能在其他家庭中发挥作用。

希望我的孩子们在未来的人生中好事多多。

希望各位正在育儿的家长朋友们能变得轻松一些。

希望所有孩子、所有家长都能活出自己的风采，快乐度过每一天。

轻松宝妈

大场美铃

2022年10月